内蒙古
配电网调度控制
管理规程

内蒙古电力（集团）有限责任公司 编

中国市场出版社
China Market Press
·北京·

批准： 郝智强

复审： 贾新民　刘　侠

审核： 景志滨　单广忠　张　强　朱长胜

初审：

南斗星　李晓虎　郭　琦　郝乾鹏　李洪波　蒿　峰　郭抒翔

文志刚　毛启欣　武占国　齐　军　曾庆锋　杭晨辉　傅瑞斌

刘丁华　安　军　王永利　段雅璠　李源泉

主要编写人员：

韩　东　赵兆林　王烁罡　高　飞　王海民　郑利宁　路和平

褚炳上　臧浩阳　许文秀　张玉平　杨志强　李莹平　陈　刚

徐　磊　弓志武　蔡　鹏　张晓晔　柴冠华　万浩浩　李建华

李瑞明　苏　隽　李亚鑫　王　超　赵　梅　闫　乐　王　宇

关于发布《内蒙古配电网调度控制管理规程》的通知

内电标准〔2021〕10号

总部各部门、所属各单位：

依据《标准化管理标准》有关规定，经公司审定批准《内蒙古配电网调度控制管理规程》，现予以发布，自发布之日起正式实施。

2021年6月17日

目　录

第一章 总 则

1.1 为加强内蒙古电网配电网调度控制管理工作，保证电网安全、优质、经济运行，依据《中华人民共和国电力法》《电网调度管理条例》《电力监管条例》《电网运行准则》《内蒙古电网调度控制管理规程》和有关法律、法规，结合内蒙古配电网实际情况，制定本规程。

1.2 本规程配电网是指内蒙古电力（集团）有限责任公司经营区域内的6kV~20kV的发电、变电、配电、用电一次设备，主要包括：架空线路、电缆线路、变电站、开关站、配电室、箱式变电站、柱上变压器、分支箱、环网单元等，以及为保证以上设备正常运行所需的继电保护、自动装置、通信及调度自动化系统等二次设备。

1.3 内蒙古电网配电网运行实行"统一调度、分级管理"。

1.4 内蒙古电网配电网调度系统包括网内配电网调控班和县级调控班以及并入内蒙古配电网运行的发电厂（场）、变电站（以下简称"厂、站"）运行值班单位、配变电设备运维管理单位等。配电网调控班（或县级调控班）是配电网运行的组织、指挥、指导、协调机构。

1.5 内蒙古电网调控机构分为三级，依次为：省级电网调控机构（以下简称"省调"），即内蒙古电力（集团）有限责任公司系统运行部；地市级电网调控机构（以下简称"地调"），包括呼和浩特市、包头市、鄂尔多斯市、巴彦淖尔市、乌海市、乌兰察布市、锡林郭勒盟、阿拉善盟、薛家湾地区九个调度管理处；地市级电网配网调控班（以下简称"配调"）和县级电网调控班（以下简称"县调"）。

1.6 本规程适用于内蒙古电网配调的调控运行、电网操作、故障处置和调控业务联系等涉及配调调控运行相关各专业的活动。并入内蒙古电网的各电力生产运行单位颁发的有关电网调控的规程、规定等，均不得与本规程相抵触。

1.7 配电网调控员和变电（配电、专线用户、双电源或多电源用户、分布式电源用户）运维人员（以上统称"现场运维人员"）必须严格执行本规程；有关技术人员、地调调度员、地调监控员、客户管理人员、领导也应熟悉并遵守本规程。

1.8 本规程由内蒙古电力（集团）有限责任公司负责解释和修订。

第二章　配电网调控管理

2.1　基本原则

2.1.1　配调管理各项工作必须贯彻"安全第一、预防为主、综合治理"的方针，严格执行电力安全工作规程的有关规定。

2.1.2　配电网值班调控员在其值班期间是所辖配电网运行操作、监视控制和事故处理的指挥者，按照调管范围行使指挥权。任何单位和个人不得违反电网调度规程规定，不得干涉调度系统值班员发布或执行调度指令，配电网值班调控员有权拒绝各种非法干预。相关领导及职能处室发布的有关调度业务的要求，原则上应通过调度机构负责人转达给值班调控员。

2.1.3　配电网值班调控员直接对设备运维（管理）人员、电厂值班人员、停送电联系人员发布调度指令或进行业务联系。各单位调度业务电话是电网统一调度的重要手段，非调度业务不得占用。

2.1.4　配电网值班调控员发布调度指令时必须准确、清晰，使用录音电话，互报单位和姓名，执行下令、复诵、记录、录音和汇报等制度，应使用普通话及统一调度术语、操作术语。

2.1.5 配电网值班调控员对其发布调度指令的正确性负责，受令人员对其执行指令的正确性负责。

2.1.6 凡属配电网调度管辖范围内的设备，未经当值配电网值班调控员许可，任何人员不得擅自改变其运行状态。对危及人身设备安全的情况时，现场运维、管理单位可以按照现场规定进行处理，处理后应立即汇报值班调控员。

2.1.7 紧急情况下，地调值班调度员对配电网值班调控员负责操作的设备可以越级发布调度指令，受令单位应当执行，并应迅速汇报配电网值班调控员。

2.1.8 配电网调控的运行设备发生异常或故障情况时，设备运维、管理单位应立即向配电网值班调控员汇报。

2.1.9 配电网值班调控员下达的调度指令，各运维、管理单位必须由停送电联系人接受指令。若停送电联系人及相关信息发生变更，应及时以书面形式通报相关单位。

2.1.10 配电网调控员、配电运维人员、各专线用户或双（多）电源用户、分布式电源运维值班人员、相关专业管理人员必须组织培训，并经考试合格后，方可上岗进行电力调控业务联系。

2.1.11 凡停用配电网调控使用的通信及自动化设备，必须得到配电网值班调控员的同意。

2.1.12 配电网设备故障对主网设备造成影响时，配电网值班调控员必须立即汇报地调值班调度员。

2.2　调控管理的任务

配电网调控管理的任务是组织、指挥、指导、协调配电网的运行、监控、操作和事故处理，实现下列基本要求：

（1）按照电力系统的客观规律和有关规定，保证配电网的安全、稳定、可靠、经济运行。

（2）保证电网电能质量指标符合国家规定的标准。

（3）遵循资源优化配置原则，充分发挥配电网内设备供电能力，最大限度地满足社会和人民的生活用电需要。

（4）按照"公开、公平、公正"的原则，依据有关合同或协议，维护发电、供电、用电等各方的合法权益。

2.3　调度机构的主要职责

2.3.1　服从所属调度机构的调度指挥和专业管理，执行上级部门制定的有关标准和规定。

2.3.2　对管辖范围内的配电网实施专业管理和技术管理。

2.3.3　贯彻落实配电网调控管理的规程、制度、措施。

2.3.4　组织编制和执行本地区管辖范围内的配电网运行方式和检修计划，批准管辖范围内的设备检修。

2.3.5　指挥调度管辖范围内的设备操作、配电网的电压调整、配电网事故及异常处理。

2.3.6　负责所辖配电网的一、二次设备的运行监控、信息处置、远方操作以及监控信息管理。

2.3.7　审批新、改、扩建配电网设备的投运申请，指导设备投入运行的操作，发布管辖设备的双重编号。

2.3.8　负责配电网安全运行及管理，参与系统事故分析，提出改善安全运行的措施，并督促实施。

2.3.9 负责所辖配电网的继电保护、安全自动装置的运行管理和技术管理。

2.3.10 负责本单位客户 95598 故障报修工单、生产类停送电信息的全过程管理，与电力营销服务公司做好客户服务工作信息对接，对生产类客户诉求解决工作质量进行管控和分析，提出考核建议。

2.3.11 参与分布式电源的并网审批并负责其调度运行管理工作。

2.3.12 负责所辖专线用户、双电源用户或多电源用户的调度运行管理工作。

2.3.13 参与配电网规划编制工作，参与配电网工程审查设计工作。

2.3.14 负责管辖范围内调度信息发布。

2.3.15 负责管辖范围内从事调度相关业务人员的培训和考核。

2.3.16 行使电力行政管理部门或上级调控机构授予的其他职权。

2.4 调度、监控范围的划分

2.4.1 配调调度范围划分。

（1）局属变电站 20kV 及以下馈线间隔为地（县）调直调设备，馈线间隔以外至公用配变低压侧的总（分）刀闸或总（分）开关和 20kV 及以下用户分界设备之间的所有配电网络由配（县）调调度管辖。

（2）非上级调度管辖的 20kV 及以下并网小电厂（含分布式电源）的分界开关（刀闸）、并网总开关的设备状态及电源出力由配调调度管辖。

（3）非上级调度管辖的20kV及以下高压双（多）电源用户的进线电源开关间隔、联络开关间隔由配调调度管辖。

2.4.2　配调监控范围划分。

配调监控范围宜与配调管辖范围保持一致，为变电站配电网馈线间隔以外的具备配电网自动化功能的配电网设备。

第三章　配电网倒闸操作规定

3.1　操作管理制度

3.1.1　配电网的倒闸操作，应根据配电网调控管辖范围的划分，实行统一调度、分级管理的原则。凡属配调调管范围内的一切倒闸操作，均应按调度指令进行，操作完毕应立即向配调回令。

3.1.2　运维人员的倒闸操作应由两人进行，其中一人对设备较为熟悉者作监护；特别重要和复杂的倒闸操作，由熟练的运维人员操作，运维单位负责人监护。实行单人操作的设备、项目及运维人员须经设备运维管理单位批准，人员应通过专项考核。

3.1.3　配电网值班调控员进行遥控操作或下令操作前，必须认真核对设备状态，并且认真考虑以下要素：

（1）停送电日期、时间、工作内容、工作地点及停送电范围是否正确。

（2）停送电时是否做好防止反送电的措施。

（3）对运行方式、继电保护、重要用户的供电可靠性、通信、配电网自动化等方面的影响。

（4）防止产生带地线合闸及带负荷拉合刀闸等误操作，

并应做好操作中可能出现的异常情况的事故预想及对策。

（5）拟投运配电网设备相序、相位是否正确。

（6）配电网线路是否过载。

3.1.4 配电网值班调控员拟票、操作原则。

3.1.4.1 配电网运行操作分为一次设备操作和二次设备操作。一次设备操作包括状态（运行、热备用、冷备用、检修）变更；二次设备操作包括二次装置的运行定值更改和状态（投入、退出、停用）变更。

3.1.4.2 根据调管范围的划分，配电网操作分为直接操作、许可操作和遥控操作。

（1）直接操作：当值配电网值班调控员直接向运维单位停送电联系人发布调度指令的操作方式。

（2）许可操作：当值配电网值班调控员对运维单位停送电联系人提出的操作申请予以许可（同意）。

（3）遥控操作：当值配电网值班调控员通过自动化系统对具备遥控功能的设备进行遥控操作。

3.1.4.3 配调倒闸操作应填写操作指令票。拟写操作指令票应以检修工作票或临时工作要求、日前调度计划、设备调试调度实施方案、安全稳定及继电保护相关规定等为依据。拟写操作指令票前，拟票人应核对现场一、二次设备实际状态。

3.1.4.4 拟写操作指令票应做到任务明确，票面清晰。

3.1.4.5 操作指令票的拟票人、审核人、下令人和监护人必须签字。

3.1.4.6 操作指令票应使用统一的调度术语和设备双

重名称。

3.1.4.7 调度指令形式。

（1）综合指令：仅涉及一个单位的倒闸操作，可采用综合指令的形式。

（2）逐项指令：凡涉及两个及以上单位的倒闸操作，或在前一项操作完成后才能进行下一项的操作任务，必须采用逐项指令的形式。

（3）单项指令：机炉启停、运行调整、异常及故障处置等采用单项指令的形式。下达单项指令时，发令人与受令人可不填写操作指令票，但双方要做好记录并使用录音。

3.1.5 操作指令的下达。

3.1.5.1 操作指令票由副值（或主值）填写，调控长审核；不设调控长的由副值填写，主值审核。填写操作指令票前，值班调控员应严格审查工作内容、专业意见和说明，必须充分掌握操作前后运行方式的变化，并与相关运维人员仔细核对有关设备状态，包括保护、自动装置等。

3.1.5.2 配电网调度自动化系统的电网接线图与现场实际接线、设备双重名称不符，则配电网值班调控员有权拒绝下令。

3.1.5.3 操作指令票的内容不准出现错字、漏项等；尚未执行的操作指令票不用时，应在票面注明"作废"字样；已审核签字的操作指令票作废的应注明作废原因。操作指令票中需要说明的事项，应记录在操作指令的备注栏。

3.1.5.4　操作指令票执行过程中，因设备或电网异常等原因导致该指令不能继续执行时，应终止执行，配电网值班调控员须在该操作指令票票面注明"作废"字样，并在备注栏注明终止执行的原因。

3.1.5.5　运维、管理单位停送电联系人在接受指令后必须正确复诵并执行。若受令人对指令有异议，应及时提出意见，如发令人确认继续执行该调度指令，应按调度指令执行。若执行该调度指令确实将危及人身、设备或系统安全时，受令人可以拒绝执行，同时将拒绝执行的理由及建议上报给发令人，并向本单位主管领导汇报。

3.1.5.6　操作过程中，受令人接到配电网值班调控员来电时，应立即停止操作并接听电话。待得到当值配电网值班调控员的许可后继续操作。操作完毕后，应迅速报告。当值配电网值班调控员只有接到操作单位操作完毕的报告后，方可认为该操作结束。

3.1.5.7　操作过程中，如系统发生事故，应立即停止操作，待事故处理告一段落后再决定是否继续操作。

3.1.5.8　计划操作应尽量避免在下列时间进行，特殊情况下进行操作应有相应的安全措施：

（1）交接班时。

（2）雷雨、大风等恶劣天气时。

（3）电网发生异常及故障时。

（4）电网高峰负荷时段。

3.1.5.9　任何情况下，严禁"约时"操作，严禁"约时"开始或结束检修工作。

3.2 设备操作的基本规定

3.2.1 配电网调控管辖范围内的设备，经操作后对地调调度管辖的电网有影响时，配电网值班调控员应在操作前、后汇报地调值班调度员。

3.2.2 配电网设备处于运行中，经校核计算若满足合解环操作条件，采用合、解环操作。若不满足，采取先停负荷后切换电源的倒闸方式。

3.2.3 运维人员在倒闸操作中，严禁通过电压互感器或变压器二次侧反送电。

3.2.4 对配电网双（多）电源的线路停电操作时，应在线路各侧均转为"冷备用"后，才可发布线路转检修的操作指令，当线路各侧均转为检修状态后，方可许可线路工作。

3.2.5 配电网线路检修工作结束后，配电网值班调控员必须接到线路检修的所有停送电联系人，关于"线路工作已全部结束、工作人员已全部撤离、临时接地线已全部拆除、线路相位未变动、线路具备送电条件"的汇报后，方可决定是否送电。

3.2.6 双（多）回路供电线路中，一回路停电时，应考虑运行线路送电能力是否足够，继电保护定值是否满足。

3.2.7 开关分、合闸后运维人员应检查开关位置灯及机械指示器是否正确，三相电气仪表指示是否正常。

3.2.8 需变电站停电的配电网调管线路停电，在转移负荷操作完毕后，由配电网运维、管理单位停送电联系人向配电网值班调控员汇报，再由配电网值班调控员向地调值班调度员申请，变电站停电操作完毕后，由地调值班调度员告知配电网值班调控员，然后配电网值班调控员及时通知运维、管理单位。

3.3 调度遥控操作管理

3.3.1 配调遥控操作均由两人执行，原则上由副值调控员操作，主值调控员监护，同时应严格履行倒闸操作的有关规定。

3.3.2 正常情况下，配电网调控应优先选择在主站端遥控操作；当无法遥控操作时，应下令现场人员就地操作，操作完毕后须经现场人员核对设备状态，并向配调交令。

3.3.3 设备遇有下列情况时，不允许进行远方遥控操作：

（1）设备未通过遥控验收。

（2）配电网自动化系统异常影响开关遥控操作。

（3）一、二次设备出现影响开关遥控操作的异常告警信息。

（4）未经批准的开关远方遥控传动试验。

（5）设备正在进行检修时（遥控验收除外）。

（6）配电设备运维、管理单位明确开关不具备远方操作条件。

（7）设备正在进行就地操作时。

3.3.4 具备配电网自动化"三遥"功能设备的"远方/就地"切换开关在"远方"位置，如现场就地操作需要改变位置时，需要向配电网值班调控员申请，并停用设备遥控功能，待操作完毕后及时恢复。

第四章　配电网事故处理

4.1　故障处置原则和规定

4.1.1　配电网值班调控员是配电网故障处置的指挥者，对事故处理的正确性和快速性负责，处理事故时在确保安全的前提下应做到：

（1）限制事故的发展，消除或隔离故障根源，解除对人身、电网和设备安全的威胁。

（2）尽最大可能保持对用户的正常供电。

（3）迅速对已停电的用户恢复送电，特别应优先恢复厂（站）站用电和重要用户的安保用电。

（4）调整配电网运行方式，使其恢复正常。

4.1.2　配电网值班调控员负责其管辖范围内的电网故障处置，必要时应配合上级电网的故障处置，主网故障与配电网故障同时发生时，在主网调度员的统一指挥下以处理主网故障为主。

4.1.3　发生故障时，非故障单位不应占用调度电话，以免影响故障处置。

4.1.4　调度交接班尚未完毕时发生故障，应停止交接班并由交班调控员处理，必要时请接班调控员协助，待故障处置告一段落时再进行交接班。

4.1.5　配电网发生故障时，相关设备运维单位应立即清晰、准确地向配电网值班调控员报告故障发生的时间、现象、跳闸开关（名称、编号）、运行设备的状况、潮流变化、继电保护及自动装置的动作、人身安全和设备损伤、电压变化、现场天气等有关情况。

4.1.6　为防止故障扩大、减少故障危害和损失，设备运维单位可不待配电网值班调控员指令自行按照现场规程处理，但事后应尽快汇报配电网值班调控员，包括以下情形：

（1）对人身和设备安全有威胁时，根据现场规程采取措施。

（2）隔离故障设备，防止事故扩大。

（3）当厂（站）用电全停或者部分停电时，恢复站用电源。

（4）电压互感器保险熔断时，将有关保护停运。

（5）安全自动装置未动时，手动代替。

（6）现场规程规定可不待配电网值班调值班员指令自行处理者。

4.1.7　设备运维、管理单位应将故障现场状况和经过做好记录，并收集引起设备故障的部件及影像资料，加以妥善保管，作为故障分析的依据。

4.1.8　设备故障处置工作应遵守本规程和其他有关的规程规定。紧急情况下，可在保障人身安全和设备安全运行的前提下，采取临时措施，但事后应尽快处理。

4.1.9 设备运维、管理单位在排除设备故障进行抢修前，应以"紧急抢修票"的形式向配电网值班调控员提出抢修申请，由配电网值班调控员进行合理安排，当值服务调度员及时在95598客户服务平台发起流程。

4.1.10 处理故障时应注意以下几点：

（1）防止恶性电气误操作。

（2）避免因联系中断、情况不明而造成误判断。

（3）防止非同期并列。

（4）防止过负荷跳闸。

（5）防止误拉合开关。

（6）开关故障跳闸次数在允许范围内。

4.2 线路故障处置

4.2.1 线路跳闸处置。

（1）不具备配电网自动化功能的配电网线路故障跳闸，值班调控员应通知运维、管理单位对线路进行巡线，查明故障原因并处理或隔离后，可恢复线路送电。

（2）具备配电网自动化功能的配电网线路跳闸，值班调控员应根据配电网自动化信息上报的保护动作信息，确定故障范围，并将故障段隔离，非故障部分恢复送电。通知线路运维、管理单位对故障段线路巡线，查明线路故障原因并处理或隔离后，可恢复故障段线路送电。

（3）线路为不投重合闸的全电缆线路跳闸后不进行强送，运维、管理单位查明故障原因并将故障隔离或排除，电缆试验合格后，值班调控员可对线路试送一次，正常后才可恢复受端供电。

（4）因负荷性质和用户特殊要求不投重合闸的线路故障跳闸后，运维、管理单位查明故障原因并将故障隔离或排除后汇报配电网值班调控员，配电网值班调控员在接到运维、管理单位或用户试送申请后，可对线路试送一次，正常后才可恢复受端供电。

（5）投入重合闸的电缆与架空线混合线路，或全架空线路跳闸后，如重合不成功不得强送，设备运维、管理单位查明故障原因，并将故障隔离或排除后汇报配电网值班调控员，配电网值班调控员在得到设备运维、管理单位试送申请后可试送一次，试送不成功不再试送。

（6）开关短期内发生多次跳闸，无论重合是否成功，配电网值班调控员都应退出该线路重合闸并通知相关运维、管理单位对其进行外部检查，以确定是否具备继续运行条件。

（7）线路在带电作业期间跳闸，应停止带电作业，并由运维、管理单位查明跳闸原因后向配电网值班调控员申请试送。

4.2.2　线路过载处置。

（1）线路负荷超过额定值时，值班调控员应考虑改变运行方式、组织转供电等措施。

（2）线路负荷越限报警时，配电网值班调控员应立即通知相关单位采取措施控制该线路负荷。如果10分钟后该线路负荷仍未得到控制，配电网值班调控员为保证电网、设备安全有权采用拉路限电手段，待相关单位控制好负荷后再恢复送电。

4.2.3 线路单相接地故障处置。

4.2.3.1 线路发生单相接地故障应进行全面分析和判断，在地调值班调度员的统一指挥下，进行接地查找，查找时应遵守以下原则：

（1）试停空载线路，确认接地，立即停电。

（2）双电源用户将负荷倒在一个电源上供电，分别试停空载线路。

（3）在无条件倒负荷或倒母线时，利用遥控试停线路，按照接地拉路顺序进行。

（4）有特殊规定的用户，在试停线路前，应尽可能预先通知用户。

（5）最后一路也应试找。

4.2.3.2 线路接地应尽快处理，接地时间应按相关规定执行，线路接地故障允许运行的时间规定：

（1）6kV~20kV线路、发电机直配线：2小时。

（2）与110kV及以上电缆存在同沟（通道）敷设情况的配电线路，发生单相接地故障应立即停运。

4.2.3.3 具备配电网自动化功能的线路发生单相接地，通过配调自动化系统确定接地范围，遥控拉合分段开关进行确认，并及时通知线路运维、管理单位巡线。

4.2.4 变电站6kV~20kV母线失电的处置。

（1）6kV~20kV母线故障时，配电网值班调控员在地调值班调度员的统一指挥下，通过调整配电网运行方式，尽快恢复对用户的供电；对于不能通过调整配电网方式恢复供电的用户，配电网值班调控员负责及时通知相关用户管理单位。

（2）6kV~20kV线路故障造成越级跳闸，配电网值班调控员在地调值班调度员的指挥下隔离线路故障，并向地调汇报。

4.2.5　用户设备故障处置。

（1）属于用户资产并签订调度协议的配电网设备发生故障，并引起线路跳闸，故障单位值班员应主动及时向当值配电网值班调控员如实汇报，配合当值配电网值班调控员尽快隔离（排除）故障，恢复线路供电。

（2）签订调度协议的用户设备内部故障，不论直调、许可设备，未查明原因前不得恢复供电，恢复送电后，用户应将故障分析报告在24小时之内书面汇报配电网调度机构。

4.2.6　故障抢修管理。

（1）设备故障跳闸、发生异常或接收客户故障抢修申请后，配电网值班调控员应将有关信息及时通知设备运维、管理单位，以便尽快查出故障原因。当值服务调度员应及时将相关信息录入系统，并与营销服务部门做好工作沟通。

（2）设备运维、管理单位在接到抢修任务后，必须在规定的时间内赶到故障现场。到达故障现场后，应立即将现场故障情况（故障类型、故障量影响范围，预计抢修时间）汇报配电网值班调控员，对系统有安全措施要求时，应向配电网值班调控员按紧急检修票管理制度办理许可手续，当值服务调度员及时将信息录入系统。

（3）设备运维、管理单位在检查设备时应做到全面、彻底，不得中断或遗漏。发现故障点后应及时向配电网值班调控员汇报，重大故障应立即保护现场并通知相关单位。

（4）抢修完毕后，停送电联系人必须向配电网值班调控员汇报结果并确定设备是否具备送电条件，得到配电网值班调控员许可后方可进行送电操作，送电后当值服务调度员及时将送电时间录入系统。

（5）配电网设备发生异常时，配电网值班调控员有权批准故障抢修，具体抢修工作可由各运维、管理单位自行安排（包括操作、许可工作、验收、送电等），要求运维、管理单位设立24小时有人值班的配电网操作班组。涉及对用电客户停电时，运维、管理单位应提前通知用户并向配电网值班调控员汇报，同时对停电用户做好信息发布和解释说明工作，当值服务调度员将停电信息及时录入系统。

第五章　配电网运行方式管理

5.1　配电网年度运行方式管理

配电网年度运行方式是指导配电网规划设计、基建、生产和运行的技术方案。

5.1.1　编制原则。

配电网年度运行方式编制应以保证电网安全、优质、经济运行为前提，充分考虑电网、用户、电源等因素，以方式计算校验结果为数据基础，对配电网上一年度运行情况进行总结，对本年度配电网运行方式进行分析并提出措施和建议，保证配电网年度运行方式的科学性、合理性、前瞻性。

5.1.2　配电网年度运行方式的编制工作应在每年年底前完成，并在次年3月底前完成汇报工作和下达年度运行方式。加强对配电网运行方式的后评估，及时评估措施的实施效果，分析总结存在的问题，改进并完善配电网运行方式。

5.2　配电网年度运行方式的主要内容

5.2.1　配电网运行方式相关的统计数据，如电网规模、新设备投产情况等。

5.2.2 负荷预测、电力电量平衡、配电设备投运、退役、检修计划安排。

5.2.3 配电网运行方式计算数据分析和数据管理，包括发电机组、变压器、配电线路、负荷、无功补偿等计算分析所需的模型及参数管理。

5.2.4 配电网正常及检修方式下的潮流等计算分析，制定配电网的运行方式、稳定限额及相应的控制要求。

5.2.5 配电网运行薄弱环节、风险点分析及控制措施。

5.2.6 配电网无功电压分析及管控措施。

5.2.7 协助制定安全稳定控制装置的策略和运行规定，配合编制低频、低压减负荷分配方案。

5.3 配电网年度运行方式编制要求

5.3.1 对配电网的电能质量进行分析，保证电能质量符合国家标准要求。

5.3.2 进行短路容量计算，保证系统短路容量不超运行设备的规定限额。

5.3.3 具备负荷转供能力的接线方式，应充分考虑配电网发生N-1故障时的设备承载能力，制定满足所属供电区域的供电安全水平和可靠性要求的措施。

5.3.4 配电网继电保护及安全自动装置应正确、可靠动作，符合预定的配合要求。

5.3.5 配电网接入分布式电源时，应做好适应性分析。

5.3.6 配电网运行方式应与主网运行方式协调配合，充分考虑负荷转移和互相支援能力，保障供电可靠性。

5.3.7 配电网无功电压运行应符合相关规定的要求。

对上一年度无功电压运行方面的问题进行分析，预计本年度可能存在的问题并制定应对措施。

5.3.8　核对配电设备安全电流，确保负荷不超设备规定限额。

5.4　配电网运行方式安排要求

5.4.1　配电网正常运行方式应与上一级电网运行方式统筹安排，协调配合。

5.4.2　配电网正常运行方式的安排应满足不同重要等级用户的供电可靠性和电能质量要求，尽量避免因方式调整造成双电源用户单电源供电，并具备上下级电网协调互济等能力。

5.4.3　配电网调度机构应对配电网运行方式及时做出调整，使相关线路的负荷分配基本平衡，且满足线路载流量的要求，充分考虑转移负荷裕度对线路运行电流的要求；单条线路所带配电站、开关数量应基本平衡，避免主干线路节点过多，保证线路供电半径最优。

5.4.4　配电网应根据上级变电站的分布位置、负荷密度、运行管理要求，划分成若干相对独立的分区配电网。分区配电网供电范围应清晰，不宜交叉、重叠，且相邻分区应具备适当的联络通道。分区的划分应随着电网结构及负荷的变化进行适时调整。

5.4.5　配电网调度机构和运维、管理单位应根据配电网一次结构共同选择主干线和固定联络开关点，并由配电网调度机构明确。优先选择属于供电局资产且交通便利的设备，无特殊原因不将联络点设置在用户设备；架空线路应使用柱上开关，严禁使用单一刀闸作为线路联络点；联络点应优先选择具备遥控功能的开关。由于特殊原因，主干线和固定联络点开关发生变更时，运维、管理单位应及时与配电网调度机构重新确定主干线和联络开关。

5.4.6 配电网线路进行转供时，应优先采用转供线路线况好、合环潮流小、可转供负荷多、便于运行操作、供电可靠性高的方式，并注意继电保护的适应性。

5.4.7 手拉手线路通过联络开关转供负荷时或外来电源通过变电站母线转供其他出线时，应考虑调整相关线路保护定值。

5.4.8 备自投方式选择。

（1）为提高供电可靠性，具备条件的开关站、配电室、环网柜宜设置备自投。

（2）双母线或单母线分段接线方式，两回进线分供母线时，母联（分段）开关热备用，可启用母联（分段）备自投。

（3）单母线接线方式，一回进线供母线，其余进线开关热备用，可启用线路备自投方式。

（4）变电站一回进线存在危险点，可能影响供电可靠性时，负荷可临时调整至另一回进线供电，启用线路备自投。危险点消除后，恢复原运行方式。

（5）内（外）桥接线、扩大内桥接线方式，两回进线分供母线，内（外）桥开关热备用，可启用桥备自投方式。

5.5 配电网电压与无功

5.5.1 系统运行电压，应考虑电气设备安全运行和电网安全稳定运行的要求。具备条件的，应通过 AVC 等控制手段，确保电压和功率因数在合格范围内。

5.5.2　应尽量减少配电网不同电压等级间无功流动，避免向主网倒送无功。

5.6　调度机构根据设备主管部门提供的设备允许运行限额，制定并发布调度管辖设备稳定限额。

5.7　调度机构应开展电网安全校核和风险分析工作，提出风险点和防范措施。

5.8　调度机构负责编制本地区低频、低压减载实施方案。低频、低压减载控制负荷数量不得低于上级调度机构下达的配置计划。

5.9　低频、低压减载装置所控制的负荷应能被有效切除。

第六章　配电网设备检修管理

6.1　基本要求

6.1.1　配电网检修管理应坚持"应修必修、修必修好、逢修必试、试必试到"原则。

6.1.2　配电网建设改造、检修消缺（含带电解引线）、业扩工程等涉及配调管辖范围内设备停电或启动送电的工作，实行统一调度计划管理。

6.1.3　配电网设备停电计划由调度机构按"月平衡"进行管控，对于因主网建设、检修等工作造成配电网受累停电的，一并纳入计划统筹管理；低压配电线路及设备的停电计划（含装表、接电）由配电设备运维、管理单位进行月计划管控，并向调度机构报备。

6.1.4　调度机构负责配电网调管设备停电检修计划归口管理。负责辖区配电网年、月度停电检修计划的平衡、发布，相关部门应按照职责要求配合调度机构完成年、月度停电检修计划汇总及审核。

6.1.5　恶劣天气、法定节假日及重大活动期间原则上不得安排计划检修工作。月度停电检修计划应严格控制检修时户数，一般工作每次检修时间应尽可能安排在非生活用电高峰时段。

6.1.6 停电检修计划应综合考虑线路负载、负荷峰谷时段等因素，减少电量损失，提高配电效益。

6.1.7 同一检修范围原则上一年内停电检修不得超过两次，配电变压器停电检修一个月内不得超过两次。

6.1.8 合理制定停、送电操作时序，减小停、送电时间偏差，原则上不得延迟停、送电。

6.1.9 配电网客户业扩工程应优先采用不停电方式作业接火送电，需停电的业扩接火工程须纳入计划检修管控。

6.1.10 配电网客户业扩报装工程停电接火工作若只影响该客户自身，在满足新设备启动接入条件下由客户管理单位至少在停电前4个工作日向调度机构提报日检修计划申请。若影响其他公网客户正常用电，相关工作应纳入停电计划管控安排。

6.1.11 配电网检修工作如不影响其他客户正常用电的临时新增、变更或取消，应提前2个工作日严格履行审批流程；如影响其他客户正常用电时，应提前7个工作日完成审批流程。

6.2 计划停电管理

6.2.1 年度计划管理。

生产管理部门组织各单位根据下一年度本单位供电可靠性指标，将配电网年度建设项目、配电网改造项目、检修停电、业扩停电等综合平衡后，编制年度停电计划，调度机构按计划执行。

6.2.2 月度计划管理。

（1）配电网设备运维、管理单位提交上报月度停电计划前应优化停电施工方案，避免重复停电，并将批准后的施工方案报送至调度机构。

（2）调度机构应对停电计划进行评估分析，审查运行方式可行性与重要用户供电可靠性。

（3）纳入月度计划的停电项目，需由调度机构于当月23日前在95598客户服务平台发起计划停送电信息报送流程。相关单位应刚性执行，取消或变更均严格执行审批手续，执行过程若出现偏差应对责任单位实施考核。

6.3 临时停电管理

6.3.1 临时停电是指未纳入月度停电计划的非故障停电项目，主要包括应急工程、缺陷处理等临时施工和停运检修工作。

6.3.2 临时停电应严格履行审批流程，由调度机构于停电24小时前在95598客户服务平台发起临时停、送电信息报送流程。

6.3.3 临时停电检修涉及用户停电的，由运维、管理单位按照规定提前通知用户。

6.4 设备检修申请管理

6.4.1 设备施工、检修申请的批准停电时间，是指从对该设备开始操作至施工、检修工作结束设备恢复送电完毕的时间；设备施工、检修申请的批准工作时间，是指从断开线路开关、刀闸，两侧挂好地线（或合接地刀闸）下达施工令时开始，到调度机构值班调控员得到受令单位有关线路完工、拆除施工地线和施工人员已撤离现场可以送电的报告时为止。

6.4.2　设备运维、管理单位应根据月计划安排，提前2个工作日向调度机构提交日检修计划申请单，日检修计划应严格按月度检修计划平衡确定的停电范围执行。

6.4.3　日检修计划申请单应明确停电时间、设备名称、工作单位、工作内容、停电范围、停电用户配变名称、影响重要用户、负荷是否转带、停电时户数等具体内容，符合设备双重名称编号、调度术语、调度命名、设备状态等规定，且内容完整、准确，所需各项材料规范、完整、准确。设备检修后送电需要进行核相或保护带负荷测向量等特殊要求，须一并予以注明。

6.4.4　带电作业工作应列入设备运维、管理单位月度不停电检修计划管控，并按时向调度机构报备，若需停用重合闸，停送电联系人应向配电网值班调控员履行许可手续，带电作业结束后应及时向配电网值班调控员汇报。涉及带电解开引线进行后段线路停电检修的工作，应向调度机构上报后段线路检修的月度停电检修计划，并向设备运维、管理单位上报带电解引线的带电作业计划，履行停电检修、带电作业双申请手续；在工作开始前停送电联系人应按带电作业工作票内容向配电网值班调控员申请，配电网值班调控员确认后段负荷全停后，方可许可带电作业。

6.5　检修执行过程管理

6.5.1　配调按照《国家电网公司电力安全工作规程（配电部分）（试行）》的要求，严格执行配电第一种工作票、配电带电作业工作票的有关许可手续。涉及变电站的工作，则按照《国家电网公司电力安全工作规程（变电部分）》的要求执行。

6.5.2　配电网检修工作统一以下许可模式，即配电网值班调控员对停送电联系人下达停电范围内所调设备的工作许可。

6.5.3　凡是变电站进出口具备接地刀闸的配电网线路由配电网值班调控员直接下令转检修状态，其他情况接地线及作业现场安全措施由停送电联系人（工作负责人）负责实施，但现场操作情况需汇报配电网值班调控员。

6.5.4　配电网值班调控员在完成配电网设备停电操作后，通知停送电联系人（工作负责人）布设操作接地线，在接到工作现场完成操作接地线布设、具备工作条件的汇报后，与日检修申请单的安全措施核实无误，即向停送电联系人许可该项配电网检修工作，停送电联系人再按规定与工作负责人办理工作票许可手续。

6.5.5　许可工作时，停送电联系人向配电网值班调控员汇报：工作班组、工作负责人姓名、工作范围、工作内容、安全措施；配电网值班调控员核对并复诵，双方核对许可时间作为工作许可的依据，配电网值班调控员应做好相关记录。

6.5.6　工作终结时，停送电联系人向配电网值班调控员汇报：工作班组、停送电联系人姓名、工作范围、工作内容、完工情况、存在问题等，非调度下令的其他情况接地线及作业现场安全措施已全部拆除，线路（设备）上已无本班组工作人员和遗留物。配电网值班调控员核对并复诵，双方核对终结时间作为工作终结的依据。

6.5.7　设备检修完毕送电前，配电网值班调控员应认真查看许可工作的记录，查明所有关联工作均已办理终结，方可发出送电操作指令。

6.5.8　检修申请虽已获批准或已开工，若系统需要或其他重要原因需停止工作的，配电网值班调控员可以根据现场情况，令不得开工或终结已开工的工作，并恢复设备正常运行方式。

6.5.9　停电检修工作一般不得延长工作时间，若遇特殊原因需要延长工作时间，停送电联系人需提前2小时向配电网值班调控员汇报原因及预估终结时间，并申请办理延期手续，所有配电设备的检修只能申请延期一次。带电作业不允许办理延期申请。

6.6　用户侧设备停电检修管理

6.6.1　配调管辖的用户设备检修应填报停电检修申请并履行审批流程，若只影响该用户自身正常用电，应向调度机构提报日检修计划申请；若影响其他公网用户正常用电，应纳入月度停电计划进行管控。

6.6.2　用户销户、暂停、欠费停电等需操作配调管辖设备情况时，由用户管理单位填报设备停电申请并经设备运维、管理单位审核后，停电前提交调度机构备案。

第七章　配电网新设备启动送电管理

7.1　新设备投运管理原则

7.1.1　新建、扩建、改建的配电设备（以下简称"新设备"）接入电网运行，应遵循配电网相关规程、技术标准和管理流程，办理接入电网的手续。

7.1.2　配电网设备投入运行，必须向所属调度机构办理新设备投运申请手续，未办理申请或申请未经批准者不得投入运行。

需办理新设备投运申请手续的有：

（1）新接入系统运行设备（包括新建、扩建、改建的20kV及以下线路的启动）。

（2）改变系统主接线或变更高压设备安装地点。

（3）新建高压电力客户或原有高压电力用户增容、扩建或改变电源。

（4）已经退役的设备重新恢复运行。

7.2　新设备投运安排要求

7.2.1　新设备建设单位应在预启动前一个月向所属调度机构报送新设备相关书面和电子资料，并提出新投厂站（环网柜、开闭所、配电室）命名、一次设备调度命名和编号申请，调度机构受理后15个工作日内下达正式命名。

7.2.2　配电网设备新、改、扩建工程投产前，应由建设单位提前至少15个工作日向调度机构报送投产资料；业扩报装工程、新能源厂站投产前，应由营销服务部门提前至少15个工作日报送投产资料。投产资料应包括：

（1）电气一次接线图（包含审批的主接线图、线路接线图、环网柜与开关站接线图、线路改接情况示意图等）及其他相关资料（线路同杆、交叉跨越等情况）。

（2）主要设备规范和技术参数、载流能力（包括设备铭牌参数，一次设备开关、刀闸、母线、电压互感器、电流互感器和避雷器的技术规范，导线型号、长度、排列方式、线间距离、线路相序、平行线间距离等整定计算所需参数）。

（3）继电保护、安全自动装置配置及图纸（包括原理图、配置图、二次接线图、装置说明书、装置定值清单等）和接带负荷资料。

（4）调度自动化、远动设备技术参数（RTU型号、通信规约及波特率）、遥测、遥信等信息表。

（5）用户负荷情况及用电性质等。

（6）现场运行规程和典型操作票。

（7）已批准的运维人员名单及控制室电话号码。

（8）预定投运日期及启动范围。

（9）启动时需做试验的项目。

7.2.3　调度机构应综合考虑系统运行可靠性、故障影响范围、继电保护配合等因素，开展新设备启动方案编制工作。

7.2.4 调度机构依据投产资料编写新设备启动方案，启动方案应包括启动范围、定（核）相、保护带负荷试验、启动条件、预定启动时间、启动步骤、继电保护要求等内容。

7.2.5 建设主管部门和营销服务部门应分别负责组织公用设备和用户设备验收调试和启动方案的准备工作，确保启动方案顺利执行。

7.2.6 新设备启动过程中，如需对启动方案进行变更，必须经调度机构审核和现场启动负责人批准，不得擅自变更。

7.2.7 相关单位应在新设备启动送电前 7 个工作日，在生产管理系统中，维护新投产设备参数等基础数据。

7.2.8 新设备启动前，调度机构收到资料后，应进行以下工作：

（1）修改相关配电网调度自动化系统画面及有关图表。

（2）新投 20kV 及以下线路前应进行系统电容电流计算。

（3）下达新设备调度命名和完成启动方案编制工作，配电网设备调度命名应严格遵守公司配电网设备调度命名规范。

（4）新设备启动调度自动化联调。

（5）新设备"三遥"信息分类、核对。

（6）完成继电保护及安全自动装置定值整定工作。

（7）健全设备资料档案。

（8）修改有关调控运行规定或说明。

（9）有关人员应熟悉现场设备及规程、图纸资料、运行方式，并做好事故预想。

（10）与新设备投运有关的签订调度协议等其他内容。

7.2.9　相应调度机构应在新设备启动送电前答复以下问题：

（1）电网批准书及运行方式。

（2）相关设备继电保护、安全自动装置定值。

（3）投入时的注意事项。

7.2.10　提交新设备启动送电申请票前必须具备下列条件：

（1）所需资料已齐全。

（2）基础数据已维护正确，并经相关部门（调度、生产、营销、计量、信通等）审核确认。

（3）启动方案已批准。

7.2.11　工程竣工后，设备管理单位应提前5个工作日向调度机构上报启动方案和送电申请，调度机构于投运前2个工作日批复，新设备送电申请书需明确以下内容：

（1）预定启动试运的日期，启动范围。

（2）启动试运的联系方式及联系人和所配运行人员名单、职务。

（3）需要配电网运行中配合的其他要求。

7.2.12　新设备投产启动前必须具备的条件：

（1）该工程已全部按照设计要求安装，调试完毕，具备投运条件，涉网设备验收质检（包括主设备、继电保护及安全自动装置、电力通信、调度自动化设备、关口表计、计量装置等）结束，经调度机构验收合格且投运手续齐全。

（2）现场生产准备工作就绪，具备启动条件且调度关系已明确。

（3）新设备启动前，有关人员应熟悉厂站设备、启动调试方案和相应运行规程、规定等。

（4）新设备运行主管单位虽已得到许可加入电网运行的批复通知，但在正式并入电网前需得到配电网值班调控员的指令或许可。

7.2.13　新电源（厂）应取得有关政府部门颁发的法定许可证，满足国家、行业和内蒙古电网的技术标准和管理规范，具备并网运行技术条件，并与相应调度机构签订调度协议。

7.2.14　配电网值班调控员根据已批准的加入电网批准书，现场运维人员只有得到调度指令后，才能将新设备投入系统运行。新设备自试投运起，一切调度业务均按本规程规定办理。

第八章 配电网设备异动管理

8.1 设备异动管理原则

8.1.1 设备异动是指20kV及以下改建、大修、业扩、增容、销户等配电网工程及故障抢修等引起的配电网网络、参数及设备命名等变化。凡接入20kV及以下配电网运行设备的变化均应纳入设备异动管理。

8.1.2 调度机构应参与设备异动可行性研究、初步设计审查等前期工作。

8.1.3 20kV及以下分布式电源、专线用户的设备异动，应纳入调度管辖，并按调度协议的规定执行。

8.1.4 异动申请办理遵循"谁负责实施异动，谁负责办理申请"原则。设备运维、管理单位应提前完成数据台账维护，提交异动单时附上异动图模文件和内容说明，异动内容与勘察申请单工作内容描述应保持一致，提交调度机构审批。

8.1.5 运维、管理单位负责发起配电网公用设备变更的异动流程，按要求准确、及时录入配电网公用设备基础数据，及时更新配电网接线图；负责审核、调整公用设备配电网接线图中单线图和站室图，确保图实一致。

8.1.6　营销服务部门负责发起配电网用户设备变更的异动流程，按要求准确及时录入配电网用户设备基础数据，及时更新配电网接线图；负责审核、调整用户设备配电网接线图中单线图和站室图，确保图实一致。

8.1.7　设备异动申请单应填写是带电作业还是停电作业。

8.1.8　设备异动工作未开工前，发现因现场原因，设备异动确无法做到与异动申请单一致的，应至少提前1个工作日填报异动申请变更单，经批准后方能按变更后的方案进行。

8.1.9　设备异动工作结束且经验收合格，配电网值班调控员在核实接线图与设备异动申请单内容一致后下达送电指令。

8.1.10　对于因配电网设备抢修工作而发生的设备异动，设备运维、管理单位需在48小时内补报异动方案并启动设备异动流程。

8.2　设备异动申请

8.2.1　配电网设备异动申请单（以下简称"异动单"），提交至调度机构审核，应包括以下资料：

（1）异动前后电气一次接线图（包括审批的主接线图、线路接线图，环网柜、开关站内接线图等）。

（2）主要配电网设备的技术参数（包括设备铭牌参数，导线型号、长度等保护整定计算所需参数）。

（3）继电保护、安全自动装置配置及图纸（包括原理图、配置图、二次接线图、装置说明书等）。

（4）资产及运维、管理分界点。

8.2.2 计划工作引起的设备异动申请应和设备停役申请同步提交至调度机构。填报规范、准确，不得随意变更。提交设备异动申请的同时发起异动流程，提交至调度机构审核。未关联异动流程的设备停役申请，原则上不予批准。

8.2.3 以下情况，设备运维、管理单位须在48小时内将异动单、配电网接线图以及设备状态等相关信息提交至调度机构审核：

（1）故障后配电网网络发生变化。

（2）配电网设备故障后更换新设备而发生参数、命名变化。

（3）临时发现现场设备或接线与配电网接线图不符。

8.3 设备异动审核

8.3.1 调度机构方式计划专责负责异动单、配电网接线图、停役申请的一致性审核。出现下列情况，应拒绝批复停役申请。

（1）审核后发现停役申请与配电网接线图不一致的，包括图形、设备调度命名等。

（2）涉及配电网接线图发生变化，而未及时同步提交异动单的。

（3）提交的停役申请内容与异动单内容不一致的。

8.3.2 自动化运维人员根据异动信息，完成配电网调度自动化主站系统配电网接线图、模型及拓扑的更新。

8.4 设备异动发布

8.4.1 计划工作引起的图形异动信息发布应在现场工作结束且具备送电条件后，由配电网值班调控员在下达送电指令前完成。值班调控员在发布图形异动信息前应再次核对异动单、配电网接线图、停役申请或新设备投运申请内容一致，实时发布；否则，不予送电。

8.4.2 异动信息发布后，配电网调度自动化主站系统接线图、模型及拓扑信息应同步更新。

8.5 图实日常核对要求

8.5.1 调度机构规范设备异动流程，定期开展配电网接线图准确性、实时性的检查和考核工作。设备运维、管理单位应实时更新配电网接线图，确保图实一致。

8.5.2 设备运维、管理单位在日常巡视过程中，发现现场设备或接线与配电网电气接线图不符的，应按现场设备实际发起异动流程。配电网值班调控员在日常工作中，发现配电自动化系统电气接线图与现场实际不符的，应通知设备运维、管理单位发起设备异动流程。

第九章　配电网负荷调度管理

9.1　负荷限额及预测管理

9.1.1　配电网的负荷管理是编制运行方式、检修计划、电力平衡、电网发展规划的基础，是调度机构日常工作的重要组成部分。

9.1.2　调度机构应定期做好配电网设备的重载、轻载分析，为新、改（扩）建工程安排、负荷分流调整、负荷开放容量分析提供依据。

9.1.3　调度机构应做好配电网迎峰度夏、冬季供热、节假日期间典型日负荷预测、重载情况等分析工作，提高负荷预测准确率。

9.2　用电负荷管理

9.2.1　各单位应按照"先错峰、后避峰、再限电、最后拉路"的原则，加强负荷及用电管理，避免无计划拉闸限电。

9.2.2　配电网线路由其他线路转供，如果负荷存在多种转供路径，应优先采用转供线路线况好、可转供负荷多、合环潮流小、便于运行操作、供电可靠性高的方式；方式调整时应注意继电保护的适应性和电压在合格范围内；受上级调度指令转移或限停的配电网负荷，只能在收到上级调度指令后才可以恢复。

9.2.3　发现设备、配电网线路过负荷告警或超出允许电流值时，配电网值班调控员应首先考虑采取转移负荷的措施。当受设备限制无法解决时，应将过负荷设备或线路的供电范围、限制负荷数额及完成时间通知用户或管理单位进行控限负荷，并通知相关单位处理。当上述办法仍无效且持续过负荷超过规定时间时，配电网值班调控员可拉路限电。引起限、停电的原因消除后，配电网值班调控员应尽快恢复供电。

9.2.4　在对人身、电网、设备等有威胁的紧急情况下，可以先停负荷再汇报，同时通知相关单位，待紧急事件隔离或处理后再恢复负荷。

9.3　低频、低压减载装置和事故拉路序位管理

9.3.1　调度机构应按要求编制辖区事故拉路限电序位表，表中应列出拉路顺序、馈线名称和每条馈线控制超负荷的数值，经审定后报地方政府批准执行，审批结果报备相关部门，原则上序位表每年修订一次。

9.3.2　因配电网系统发生故障需要停限电时，配电网值班调控员应按照事先确定的限电序位进行限电或者停电，引起限电或者停电的原因消除后，配电网值班调控员应尽快恢复供电。

9.3.3　变电站配电馈线因低频、低压减载等安全自动装置动作切除后，任何单位或个人不得擅自恢复或转移该馈线所带负荷，所切除负荷的恢复送电需经地调值班调度员的许可。

第十章　配电网小电源调度管理

10.1　配电网电源是指并入配调管辖范围内 20kV 及以下已运行的发电厂（含分布式电源），包括太阳能、风能、天然气、生物质能、地热能、海洋能、资源综合利用发电（包含瓦斯发电）等类型。

分布式发电是指在用户所在场地或附近建设安装，运行方式以用户端自发自用为主，多余电量上网，且在配电网系统平衡调节为特征的发电设施或有电力输出的能量综合梯级利用多联供设施。

10.2　单个并网点总装机容量 5 兆瓦及以上直接接入公用电网或用电客户单独扩建的发电项目（含分布式电源）由专变接入电网列入各供电单位配网调度管辖。

10.3　各供电单位调度机构参与 20kV 及以下电压等级接入方案和设计文件审查、并网验收，负责调度协议的签订工作。

10.4　凡要求并入 20kV 及以下配电网，容量在 5 兆瓦以下的小电源（含分布式能源项目），必须满足并网条件方可并入电网运行，专变小电源用户并网前应与调度机构签订调度协议，接受调度机构统一调度。

10.5　属调度机构调度管辖范围内的配电网小电源（含分布式能源项目）用户设备，必须严格遵守调度有关操作制度，按照调度指令执行操作；如实告知现场情况，回答调度机构配电网值班调控员的询问。

10.6　配电网小电源（含分布式能源项目）属调度机构许可范围内的设备，运行值班人员操作前应征得调度机构配电网值班调控员的同意后方可按照电力系统调度规程及现场运行规程进行操作。

10.7　在电力系统事故或紧急情况下，为保障电力系统安全，调度机构有权限制配电网小电源（含分布式能源项目）出力或暂时解列。

第十一章　配电网继电保护及安全自动装置管理

11.1　基本原则

11.1.1　调度机构按照调度管辖范围开展配电网继电保护及安全自动装置的定值管理、运行管理、动作统计分析和技术监督工作。

11.1.2　调度机构负责组织或参加所辖配电网范围内新建工程、技改工程以及配电网规划的继电保护专业审查工作（含可行性研究、初步设计、继电保护及安全自动装置配置原则等）。

11.1.3　调度机构负责实施相关反事故措施，组织或参加本单位的配电网继电保护专业事故调查与分析工作。

11.1.4　所有从事配电网继电保护及安全自动装置定值计算、维护及相关生产人员应严格执行上级有关继电保护及安全自动装置的规程、规范和要求。各级调控人员和厂、站运维人员应熟悉继电保护装置的基本原理及其接线，熟悉继电保护运行规程规定，并按规程规定和职责分工分别对继电保护装置进行监视、操作、运行检查和动作记录。配电网设备归属单位负责继电保护装置的运行、维护、检修和校验等工作。

11.1.5 配电网继电保护管理应做好"三道防线",即分支配变、用户分界点开关作为配变、用户内部设备故障的第一道防线,快速隔离配变、用户故障;分支(分段)开关作为配电网故障的第二道防线,逐级配合就近切除故障;变电站出口保护作为配电网故障的第三道防线,避免将配电网故障延伸至上一级设备。各级保护按需配置,按运行实际情况考虑速动性、选择性、灵敏性的要求。

11.2 整定计算及定值管理

11.2.1 配电网继电保护装置的整定计算,应符合《继电保护和安全自动装置技术规程》(GB/T 14285)、《3kV~110kV电网继电保护装置运行整定规程》(DL/T 584)、《内蒙古电力公司配电网分支分段开关继电保护设置、配置及整定原则》等有关规定。

11.2.2 调度机构应设置专人负责配电网继电保护整定计算,并按照调度管辖范围开展配电网定值的整定计算、继电保护整定方案编写和继电保护的日常管理。

11.2.2.1 继电保护定值整定范围原则上与一次设备的调度范围一致,不能一致的部分由一次设备所属调度机构予以书面明确说明。

11.2.2.2 配电网继电保护整定计算应按下一级电网服从上一级电网、下级调度服从上级调度、尽量考虑下级电网需要的原则开展。

11.2.2.3 涉及整定分界面的调度机构间应定期或结合基建工程进度,由上一级调度机构向下一级调度机构提供整定分界点的系统阻抗、保护定值以及整定配合要求等资料。

11.2.3　调度机构的继电保护专业人员对所辖范围的配电网馈线开关、分支（分段）开关、环网柜、配变开关及分界面接口等继电保护定值进行整定、下发，并监督执行。

11.2.4　并网电源（厂）、新能源厂（站）的继电保护及安全自动装置定值除调度直调设备外，由用户自行整定，并报调度机构备案。

11.2.5　新、改、扩建的配电网工程由工程主管部门负责，用户变、电源（厂）工程由客户服务中心或者运维、管理单位负责，提前15个工作日按调度机构要求提供继电保护及安全自动装置整定计算所需的工程说明、设备参数和图纸等相关资料。

根据调度范围由地调负责整定的定值，由运维、管理单位对接地调进行资料收集并上报。

11.2.6　调度机构对继电保护及安全自动装置定值执行闭环管理。继电保护及安全自动装置定值通知单，应经部门审核、分管领导批准，且附计算人、审核人、批准人的签名，并加盖公章后方能生效。若运行方式有变化影响到配电网保护配合时，应在变化前重新计算定值，保证装置的定值与运行方式相适应。在特殊情况下的特殊整定必须经上级有关生产领导批准。

11.2.7　调度机构应结合系统变化，定期给配电网运维、管理单位提供系统等值阻抗及接口定值，以便其对自行负责或用户负责的继电保护及安全自动装置定值进行校核，并报相应调度机构备案。

11.2.8 继电保护及安全自动装置定值通知单是现场保护装置定值执行的唯一依据。在装置首次投运前或更改定值（包括临时更改）后，现场运维人员必须与配电网值班调控员核查保护装置和定值是否与定值通知单内容一致。

11.2.9 配电网继电保护及安全自动装置定值应随一次设备停电检修计划下发，运维、管理单位应根据实际情况并尽量结合一次设备的停电检修执行定值并回执。在执行定值通知单过程中，如出现由于装置条件限制无法按定值通知单执行等异常情况时，执行人应向配电网值班调控员汇报，并由整定计算人员给予处理意见。

11.3 运行管理

11.3.1 处于运行中的电气一次设备，其保护装置应处于完备运行状态，不允许无保护运行。在特殊情况下，配调管辖范围内的保护装置短时退出时，需经主管生产领导批准。新、改、扩建工程设备投入运行前，设备运维、管理单位应及时编制、修订现场运行规程，并核对全部继电保护及安全自动装置按定值通知单要求投入。

11.3.2 设备运维、管理单位应按照《继电保护和电网安全自动装置检验规程》的要求，编制检修计划，开展继电保护及安全自动装置检查、定期校验及更改定值等工作。现场进行继电保护及安全自动装置工作，必须按规定办理检修申请。所有继电保护及安全自动装置的投、退操作顺序按现场运行规程执行。

11.3.3 由配调直接管辖的继电保护的投入、退出或更改定值，应征得配电网值班调控员的同意，需要退出保护时，应按照相关规定提前申请；变更一次系统运行方式需核定定值时，应按照相关规定提前向相应的保护整定部门申请。

11.3.4　配调管辖范围内配电网接线的改变影响到主网系统继电保护定值的配合时，配调应先取得主网保护整定专责同意后方可进行改变。

11.3.5　配电网事故处理时，配电网值班调控员有权采用非预定运行方式运行，影响到保护配合时，要及时与保护部门联系做进一步处理。

11.3.6　当配电网系统和设备发生故障或异常时，运维、管理单位应及时收集和记录保护及安全自动装置动作信息，并如实报告配电网值班调控员。信息内容包括但不限于：

（1）继电保护和安全自动装置动作信号、时间。

（2）跳闸的开关。

（3）电流、电压、功率、频率的实时情况。

（4）故障指示器的动作情况。

11.3.7　当配电网系统和设备发生故障或异常时，配电网值班调控员应根据配网自动化系统信息分析并处理故障，做好记录，通知运维、管理单位现场检查，运维、管理单位应详细、准确记录现场保护动作信号，及时将动作跳闸的装置名称、故障相别、重合闸装置动作情况、故障指示器动作情况及故障测距等信息汇报配电网值班调控员。

11.3.8　配电网继电保护及安全自动装置或二次回路本身出现故障或异常时，相应配电网设备运维、管理单位应根据该装置的现场运行规程进行处理，并立即汇报配电网值班调控员，配电网值班调控员接到汇报后，应及时汇报分管领导及相关部门。

11.3.9 配电网继电保护装置出现异常并威胁人身或设备安全时，运维、管理单位可先停用继电保护装置进行处理，然后报告配电网值班调控员。

11.3.10 配调管辖范围的设备变动保护装置及其二次回路，按流程经审核批准后执行，并将变更后的保护二次图纸及装置技术说明书提前15个工作日报送至调度机构及设备、运维管理单位。

11.3.11 配电网设备的继电保护及安全自动装置的动作分析和运行评价按照分级管理的原则，依据《电力系统继电保护及安全自动装置运行评价规程》开展。

11.3.12 配电网设备的运维、管理单位应对设备及二次回路进行定期巡视，对相关设备做在线测试和记录，并对控制回路信号、继电保护及安全自动装置信号、交流电压回路、直流电源等进行检查。应保证保护装置的投入率及正确动作率，对存在的各种缺陷应采取措施及时消除。

11.3.13 配电网设备的运维、管理单位应储备必要的继电保护及安全自动装置备品、备件并建立台账，定期进行测试，保证其可用性。

11.3.14 配电网设备的继电保护及安全自动装置的状态信息、告警信息、动作信息等数据应上送调度机构。

11.4 备自投装置运行管理

11.4.1 配电网备自投装置的投入与退出应根据所辖调

度的指令执行，并符合有关管理规定，任何人不得擅自改
变装置的运行方式。备自投装置的试验、处理缺陷或更改
定值工作应向相应调度机构办理申请手续。

　　11.4.2　配电网备自投装置应按照调度管辖范围由相应
调度机构进行整定；其整定值的变更、装置的投入或退出，
均应征得相应调度机构的许可。

第十二章　配电网调度自动化管理

12.1　基本原则

12.1.1　配电自动化系统主站设备、终端设备和通信设备的运行维护管理按设备归属关系进行管理。

12.1.2　新建、改造配电线路的自动化、通信设备及馈线自动化功能应与一次设备同步建设、同步验收、同步投入运行。

12.1.3　配电终端经现场检验和传动试验合格后，才能申请投运。新设备调试、验收传动，具备三遥功能的设备须采用"全遥信、全遥测、全遥控"传动校验的原则进行传动。

12.1.4　配电自动化主站设备、终端设备、通信设备的运维人员在进行运维时，如可能会影响到配电自动化系统的正常运行或系统数据，应在办理申请手续后方可进行，并提前通知配电网值班调控员；因特殊情况可能短时影响配电自动化监控系统大面积正常运行时，须经局分管领导同意，并应做好相关处理预案。

12.1.5　当配电自动化系统、设备出现异常或故障、通道告警，配电网值班调控员应及时通知相关部门或专业进行处理，并做好处理记录。

12.1.6 配电网调度机构自动化主管部门、厂站自动化运维单位应按照《中华人民共和国网络安全法》和国家能源局《电力监控系统安全防护总体方案》的规定做好配电网电力监控系统安全防护工作。

12.1.7 电力调度机构负责调控管辖范围配电自动化主站系统的运行管理、运行维护、技术管理，负责配电自动化系统主站安全运行、电力监控系统安全防护；配电网设备管理部门参加新建和改（扩）建主站、子站、终端、通信设备的设计审查以及投运前的调试和验收。

12.1.8 配电自动化主站、子站、终端、通讯设备的投退管理、设备检修管理执行《电力调度自动化系统运行管理规程》等相关规定。

12.1.9 FA功能投停由配调管理，未经配电网值班调控员许可，任何人均不得进行操作。下列情况，配电网值班调控员应停用FA功能：

（1）线路或站内开关有停电工作时。

（2）带电作业需停用重合闸时。

（3）其他可能引起FA功能不能正常使用时。

12.2 通信管理

12.2.1 通信通道运行要求。

（1）通信运维单位负责调控运行通信业务的组织、保障和完善等工作。

（2）通信运维单位应保证通信通道的传输质量和可靠运行。

12.2.2 通信设备投退管理。

（1）已投入运行的配电网通信设备不得无故退出运行。

（2）配电网通信设备的投、退，影响配电网自动化主站系统使用时，须取得配电网值班调控员和自动化专业人员同意，经设备运维、管理单位及调度机构负责人批准后方可进行。

12.2.3 通信设备检修管理。

（1）通信设备检修工作若影响调控业务，通信运维单位应提前将检修票提交调度机构，并报送受影响的通道列表、终端列表及可能的迂回方案。通信检修工作开始前，通信运维单位须与配电网值班调控员、自动化值班人员联系，得到确认后方可进行工作。

（2）通信设备因紧急情况需临时停运的，通信运维单位应及时汇报配电网值班调控员，经同意后方可进行故障停运处理。

（3）影响通信设备运行的工作，如站内直流屏电源改造、光缆线路改造等，须提前与通信运维单位进行沟通并办理申请、审批手续。

12.2.4 通信设备异常及事故处理。

（1）当现场运维人员、调控机构值班人员与配调通讯中断时，发现人员应立即采取措施或通知通信运维单位处理，迅速恢复与配调的通讯联系，有备用联系方式的还应及时通知配电网值班调控员。

（2）配电网调控运行业务通道故障时，通信运维单位应按照"先抢通、后修复"的原则，尽快恢复业务通道，并将通道恢复情况及时汇报配电网值班调控员。

（3）配电网值班调控员发布调度指令时，通讯中断，受令方未完成指令复诵或虽已完成指令复诵但未经配电网值班调控员同意执行操作，受令方不得执行该指令。

（4）配电网值班调控员发布调度指令后而未接到完成操作的报告前，通讯中断，则认为该操作指令正在执行中，不得进行其他有关操作。

（5）事故情况下，厂、站等有关单位与配调通讯中断，可不必等待调度指令，按现场规程及事故处理原则迅速对本厂站、本管辖范围内的事故进行处理。通讯恢复后，立即向配电网值班调控员汇报通讯中断期间的处理情况。

12.3　缺陷管理

12.3.1　缺陷的分类原则：

一般缺陷：设备本身及周围环境出现不正常情况，一般不威胁设备的安全运行，可列入小修计划进行处理的缺陷。

重大（严重）缺陷：设备处于异常状态，可能发展为事故，但设备仍可在一定时间内继续运行，须加强监视并进行大修处理的缺陷。

紧急（危急）缺陷：严重威胁设备的安全运行，如不及时处理，随时有可能导致事故的发生，必须尽快消除或采取必要的安全技术措施进行处理的缺陷。

12.3.2　缺陷处理。

缺陷处理响应时间及要求：

（1）一般缺陷：可结合检修计划尽早消除，但应处于可控状态。

（2）严重缺陷：应在7天内消除。

（3）危急缺陷：消除时间不得超过24小时。

配电网缺陷定义详见附录E。

设备缺陷处理由设备运维、管理单位负责，配电网产生的缺陷应纳入缺陷管理流程，缺陷处理过程应实行闭环管理。

12.3.3 运维、管理单位巡视发现和处理的设备缺陷，均应及时向配电网值班调控员汇报。

12.3.4 设备带缺陷或缺陷运行期间，运维、管理单位应加强监视，必要时制定相应应急措施。

12.3.5 当配电网自动化装置发生的缺陷威胁到其他系统或一次设备正常运行时，必须在第一时间采取有效的安全技术措施进行隔离；缺陷消除前运维、管理单位应加强监视，防止缺陷升级。

12.3.6 凡涉及配电网自动化及保护装置回路、配置变化有可能导致全部或部分信号采集和传输错误的缺陷，消缺后应对相关信号进行传动、验收，合格后方可办理消缺手续。

12.3.7 对于配电网设备的危急缺陷，运维、管理单位应立即将现场检查结果汇报配电网值班调控员，配电网值班调控员根据检查结果应拟定隔离方案并向运维、管理单位下达事故处理调度指令。

12.3.8 配电网值班调控员发现受控配电网设备有异常信号、遥测遥信数据中断、遥测数据不刷新或误差较大、遥控操作超时或失败等异常时，应迅速分析、判断异常情况，包括异常对于电网、设备安全运行的威胁，同时通知相关运维、管理单位到现场检查核实。

12.3.9　受控配电网设备无法监控时，配电网值班调控员不再负责该设备的监控工作。应通知运维、管理单位加强设备的巡视，发现异常应及时汇报。待监控功能恢复后，配电网值班调控员与现场核对无误、并确认监控系统正常后，再改由配电网值班调控员监控。

第十三章 配电网设备监控管理

13.1 基本原则

13.1.1 调度机构应按监控范围开展配电网设备运行集中监视、告警信息处置、监控远方操作、监控运行分析、监控缺陷管理等业务。

13.1.2 调度机构负责对监控范围内监控系统发出的事故、异常、越限、变位信息进行分析和处置；运维、管理单位对异常的或频发的信息进行分析和处置，并及时反馈调度机构。

13.2 监控信息表管理

13.2.1 配电网设备监控信息表应纳入工程设计范畴，与一、二次系统同步设计，并满足《配电网设备监控信息规范》和有关国家、行业标准。

13.2.2 调度机构参与配电网设备监控信息的设计审查、设备选型和出厂验收。

13.2.3 新、改（扩）建配电网设备设计审查时，应将设备监控信息表列入审查范围，有关调度机构应对监控信息规范性、正确性、完整性进行审查。

13.2.4 调度机构负责监控范围内设备监控信息表的审

核和发布，设备运维、管理单位负责监控信息执行的规范性和正确性。

13.3　监控运行分析管理

13.3.1　调度机构应按照设备监控运行分析相关管理规定，开展设备监控运行分析和业务评价工作，做好设备监控运行情况的统计分析。

13.3.2　告警信息处置以"分类处置、闭环管理"为原则。监控系统发出告警信息后，配电网值班调控员应迅速确认，收集相关信息，必要时通知设备运维、管理单位协助收集，进行初步研判，按照有关规定汇报上级调度机构，通知运维、管理单位进行实时处置。

13.3.3　调度机构编制监控信息分析报告，收集、统计监控范围内配电网设备运行信息，对监控信息误发、漏发、频发情况开展专项分析，形成书面报告，并向设备主管单位及上级调度机构等提出措施建议，逐步建立配电网设备监控信息核对机制。

13.3.4　各调度机构应按规定参加上级调度机构组织的设备监控运行分析例会。

附录A 设备状态及其指令

配电网操作指令包括综合指令和单项指令。综合指令系指在同一个操作单位内，为了完成同一个操作目的，必须由一个或多个设备单元（包括应操作设备单元所属的继电保护、安全自动装置以及PT、CT二次回路的切换）进行不可分割的倒闸操作指令；单项指令系指为了完成某个操作目的，仅需操作一个设备（一次、二次设备皆可）的倒闸操作指令。

所有符合"运行、热备用、冷备用、检修"四态定义的配电网设备，应统一使用调度综合指令；如存在非标准设备与"四态"定义不符的，应使用单项指令按设备实际状态描述。

A1 刀闸

A1.1 设备状态。

合闸：刀闸设备在合上位置。

分闸：刀闸设备在断开位置。

A1.2 配电站所外刀闸设备的指令格式为"电压等级+设备双重名称+刀闸+设备状态变化"，配电站所内刀闸设备的指令格式为"站所名称+电压等级+设备双重名称+刀闸+设备状态变化"。

A2 跌落式熔断器

A2.1 设备状态。

合闸：跌落式熔断器设备在合上位置。

分闸：跌落式熔断器设备在断开位置。

A2.2 跌落式熔断器设备的指令格式为"电压等级＋设备双重名称＋跌落式熔断器＋设备状态变化"。

A3 杆上开关

A3.1 杆上开关的综合状态适用于开关两侧或单侧有刀闸的杆上开关，且开关、刀闸均在同一根杆或同一台架上。

A3.2 杆上开关的综合状态。

运行：开关及各侧刀闸均在合上位置。

热备用：开关在断开位置，各侧刀闸均在合上位置。

冷备用：开关及各侧刀闸均在断开位置。

A3.3 杆上开关的综合指令格式为"电压等级＋设备双重名称＋开关＋设备状态变化"。

A3.4 对于无法用设备综合状态描述的杆上开关，其开关应采用单项指令。

A4 配电站所内开关

A4.1 两侧均有刀闸的户内开关综合状态。

运行：开关及两侧刀闸均在合上位置。

热备用：开关在断开位置，两侧刀闸均在合上位置。

冷备用：开关及两侧刀闸均在断开位置。

检修：在冷备用状态下，开关两侧（开关和刀闸之间）各装设一组接地线或合上接地刀闸。

A4.2 单侧有刀闸的开关综合状态。

运行：开关及刀闸均在合上位置。

热备用：开关在断开位置，刀闸在合上位置。

冷备用：开关及刀闸均在断开位置。

检修：在冷备用状态下，开关两侧（其中一侧在开关和刀闸之间）各装设一组接地线或合上接地刀闸。应注意，开关与母线之间无刀闸时，开关转检修，母线需陪停。

A4.3 两侧均没有刀闸的开关综合状态。

运行：开关在合上位置。

热（冷）备用：为方便使用，保留开关热备用和冷备用两种状态，两种状态下开关均在断开位置。

检修：在冷备用状态下，开关两侧各装设一组接地线或合上接地刀闸。

A4.4 手车开关综合状态。

运行：手车推至运行位置，开关在合闸位置。

热备用：手车推至运行位置，开关在分闸位置。

冷备用：手车拉至试验位置。

检修：将手车开关拉出柜体，并且断开二次回路的插件，关闭网门。

A4.5 综合指令的格式为"站所名称+电压等级+开关双重名称+开关+设备综合状态变化"。

A4.6 对于无法用设备综合状态描述的变配电站所内开关，其开关应采用单项指令的方式下达。

A5 线路

A5.1 线路的综合指令是对配电线路一侧设备而言，

其适用于表述配电站所内馈线间隔的开关、刀闸、线路PT及线路侧接地刀闸共同构成的综合状态。

A5.2 设备状态。

运行：线路的开关及线路PT均在运行状态。

热备用：线路的开关在热备用状态，线路PT在运行状态。

冷备用：线路的开关在冷备用状态，线路PT在运行状态。

检修：在线路冷备用状态下，线路PT在断开位置，合上线路侧接地刀闸或在线路侧装一组接地线。

A5.3 指令的格式为"站所名称+电压等级+线路双重名称+线路+设备综合状态变化"。

A6 杆上配变

A6.1 杆上配变的综合指令适用于装有高压隔离开关、跌落式熔断器及低压开关（刀闸）的杆上配变，且这些设备均在同一根杆或同一台架上。

配变低压开关（刀闸）指的是配变低压侧的总开关或总刀闸；配变低压侧未装设总开关或总刀闸的，指的是配变低压侧综合配电箱内的分开关或分刀闸。

A6.2 设备状态。

运行：跌落式熔断器及低压开关（刀闸）均在合上位置。

空载运行：跌落式熔断器在合上位置，配变低压开关（刀闸）在断开位置。

冷备用：跌落式熔断器及低压开关（刀闸）均在断开位置，且取下熔管。

A6.3　杆上配变的综合指令格式为"电压等级+设备双重名称+配变+设备状态变化"。

A7　配电站所内变压器

A7.1　设备状态。

运行：变压器两侧开关均在运行状态，使变压器与相邻设备有电气上的连通。

空载运行：变压器低压侧开关在冷备用状态。

冷备用：变压器两侧开关及刀闸均在断开位置，变压器与相邻设备之间均有明显断开点。

检修：在变压器冷备用状态下，变压器各侧引线均装设一组接地线或合上接地刀闸。

A7.2　指令的格式为"站所名称+电压等级+变压器编号+变+设备状态变化"。

A7.3　当变压器所属线路与变压器的初始状态和目标状态一致时，综合指令可以一起下达。

A8　母线

A8.1　母线的综合指令适用于单母线、单母线分段、双母线等形式母线，所有的线路、变压器均由独立的开关连接至母线。

A8.2　设备状态。

运行：母线PT刀闸于合闸位置，至少有一个以上的支路开关或刀闸使母线与相邻设备连接。

热备用：母线PT刀闸于合闸位置，与相邻设备间的开关、与相邻设备间直接经刀闸连接的刀闸都在断开位置。

冷备用：母线PT刀闸处于断开位置，与相邻设备间的刀闸、开关都在断开位置。

检修：在冷备用状态的母线上装一组接地线或合上接地刀闸。

A8.3 指令的格式为"站所名称+电压等级+母线名称+母线+设备状态变化"。

A9 电压互感器（PT）

A9.1 PT与其所连接的母线、线路、发电机（也有个别变压器或联变）应视为一体，这些设备的综合指令已规定了PT的相应状态。

A9.2 对有刀闸的PT可以单独操作，可用"运行""冷备用""检修"等三种状态。

运行：PT刀闸及二次侧保险或小开关在合上位置。

冷备用：PT刀闸及二次侧保险或小开关在断开位置。

检修：在PT冷备用状态下，合上PT的接地刀闸或在PT刀闸靠PT侧装投一组接地线。

A10 保护

A10.1 保护和安全自动装置的指令不下达具体的压板，仅下达投切状态，但特殊情况下可单独下达具体压板。正常运行方式下的保护，在检修前现场应记录原保护投入方式，检修结束时必须按原正常运行方式投入，配电网值班调控员只下达一次设备的状态指令。

A10.2 保护和安全自动装置投退采用单项指令的方式下达。

指令格式为"投入/退出+站名+电压等级+线路名称+保护类型"。

附录B 主要设备名称表

序号	设备名称	调度标准名称
1	变配电站房是变电站、配电站房的总称	变配电站房
2	变电站	×变电站
3	变电站的主变压器	×变电站×号主变
4	配电站房是有门锁管制的设施的统称，包括开闭所、配电所（站、室）、环网柜等	×开闭所、×配电所（站、室）、×环网柜
5	发电厂（站）、变电所（站）、配电站房的主变压器	×号主变
6	变电所、开闭所、配电所（站、室）用变压器	站用变
7	变电站、配电所（站、室）母线	母线，分段的为×段母线
8	各种形式的刀闸的统称	刀闸
9	母线侧刀闸	母线刀闸
10	线路侧刀闸	线路刀闸
11	接地用的刀闸	接地刀闸
12	电压互感器刀闸	PT刀闸

序号	设备名称	调度标准名称
13	开关的统称：按灭弧介质分空气、多油、少油、六氟化硫等各类型；按照开断和关合性能分断路器、重合器、负荷开关；按照功能用途分出线开关、进线开关、分段开关、联络开关、支线开关	开关
14	母线分段开关	分段开关
15	高压跌落式熔断器	跌落式熔断器
16	配电线路	线路
17	电力电缆	电缆
18	架空线路	架空线
19	电缆分支箱	×分支箱
20	配电变压器	×配变
21	箱式变压器	×箱变
22	柱上变压器台架	×台架
23	柱上变压器台架的高压刀闸	×配变高压刀闸
24	柱上变压器台架的低压刀闸	×配变低压刀闸
25	柱上变压器台架的高压跌落式熔断器	×配变跌落式熔断器
26	配变低压开关	×配变低压开关
27	继电保护装置	保护

附录 C 操作术语表

序号	操作术语	含　义
1	操作指令	调度员对其所管辖的设备进行运行方式变更和事故处理而发布倒闸操作的指令。可根据指令所包含项目分为单项操作指令、综合操作指令；根据下达程序分预令和正式操作令，预令是告知操作单位做好操作前准备工作，正式令是准许开始操作
2	操作许可	电气设备在变更状态操作前，由操作单位提出操作项目，调度员许可其操作
3	合环	合上配电网内某开关，将网络改为环路运行
4	解环	将环状运行的电网解为非环状运行
5	合闸	把开关或刀闸操作在接通位置
6	分闸	将开关或刀闸操作在断开位置
7	强送	设备因故障跳闸后，未经排查即送电
8	试送	设备因故障跳闸后，经初步排查后再送电
9	验电	用校验工具验明设备是否带电
10	放电	设备停电后，用工具将电荷放去
11	核相位	用校验工具核对带电设备两端的相位
12	核相序	用检验工具核对电源的相序

序号	操作术语	含 义
13	挂接地线（或合接地刀闸）	用临时接地线（或接地刀闸）将设备与大地接通
14	拆接地线（或断接地刀闸）	用临时接地线（或接地刀闸）将设备与大地断开
15	短接	用临时导线将开关或刀闸等设备跨越旁路
16	带电拆接	在设备带电状态下拆断或接通短路线
17	拆引线或接引线	设备（如架空线、开关、刀闸、电缆头等）引线或架空线的跨越线的拆断或接通
18	带电巡线	在线路有电或未接好接地线情况下巡视线路
19	紧急拉电（或拉路）	事故情况下（或超计划用电时）立即将供电用户用电的线路切断，停止送电
20	限电	事故情况下或其他原因等供电能力不足时采取削减负荷或拉闸等方式限制用户用电
21	待令	表示前项操作完成后应向发令人汇报，同时必须等待正式接到调度指令后才能接下去操作后一项
22	投入重合闸	自动装置可以重合闸
23	退出重合闸	自动装置不能重合闸

附录D 调度术语表

序号	操作术语	含　义
1	调度管辖	设备的运行状态改变和电气设备的运行方式，倒闸操作及事故处理的指挥权限
2	调度许可	设备由下级调度运行机构管辖，但在进行有关操作前必须报告上级调度员，并取得其许可（同意）后才能进行，操作后并报告上级调度
3	调度同意	调度员对下级调度、运行值班人员提出的申请、要求等予以同意
4	直接调度	调度员直接向现场运行值班人员发布调度指令的调度方式
5	间接调度	调度员向下级调度员发布调度指令后由下级调度员向运维值班人员传达调度指令的方式
6	调度指令	调度员对其所管辖的设备发布运行方式、结线方式，倒闸操作及事故处理的指令
7	发布指令	调度员正式给抢修、操作值班人员发布的调度指令
8	接受指令	抢修、操作值班人员正式接受调度员发布给他的调度指令

续表

序号	操作术语	含　义
9	复诵指令	抢修、操作值班人员在接受调度员发布给他的调度指令时，依照指令的布置和内容，给调度员诵读一遍
10	汇报（回复）指令	抢修、操作值班人员在执行完调度员发布给他的调度指令后，向调度员报告已经执行完调度指令的步骤内容和时间
11	拒绝指令	抢修、操作值班人员发现值班调度给他发布的调度指令是错误的（如执行将危害人身、设备和系统安全的指令），或者是其他原因，拒绝接受该调度指令
12	重复指令	调度员在抢修、操作值班人员拒绝指令以后，为保证系统安全或其他因素，必须坚持该项调度指令而再次发布指令
13	过负荷	线路、开关、变压器等电气设备的电流超过运行限额
14	跳闸	开关设备等自动从接通位置变为断开位置
15	开关跳闸，重合成功	开关跳闸后，又自动合上，未再跳闸
16	开关跳闸，重合不成功	开关跳闸后，又自动合上，开关再自动跳开
17	开关跳闸，重合闸未动	开关跳闸后，重合闸装置虽已投入，但未自动合上
18	开关跳闸，重合闸闭锁	开关跳闸后，重合闸装置虽已投入，但因短路电流超过闭锁值未自动合上
19	母线接地	系统中母线有一相（故障相）电压低于允许值，而另两相（非故障相）高于允许值

附录 E　配电网缺陷附录

E1　架空线路缺陷大纲

序号	项目	内　容	缺陷性质
1	导线		
1.1	损伤	7股导线中2股、19股导线中5股、35~37股导线中7股；损伤深度超过该股导线的1/2；钢芯铝绞线钢芯断1股者；绝缘导线线芯在同一截面内损伤面积超过线芯导电部分截面的17%。导线因过负荷运行等原因造成整体毛刺或导线整体氧化，呈现乌黑色	危急
		7股导线中1股、19股导线中3~4股、35~37股导线中5~6股损伤深度超过该股导线的1/2；绝缘导线线芯在同一截面内损伤面积达到线芯导电部分截面的10%~17%	严重
		导线一耐张段出现散股灯笼现象1处	一般
		导线有散股、灯笼现象，一耐张段出现3处及以上散股	严重
		架空绝缘线绝缘层破损，一耐张段出现3~4处绝缘破损、脱落现象或出现大面积绝缘破损、脱落	严重

续表

序号	项目	内　容	缺陷性质
1.1	损伤	架空绝缘线绝缘层破损，一耐张段出现2处绝缘破损、脱落现象	一般
1.2	导线附属设施		
1.2.1	线夹	线夹主件已有脱落等现象	危急
		线夹有较大松动，严重锈蚀（起皮和严重麻点，锈蚀面积超过1/2）	严重
		线夹锈蚀，连接不牢靠，略有松动	一般
1.2.2	绑扎线	绑扎线脱落	危急
		钢芯铝绞线绑扎针式绝缘子处无铝包带，绑扎线松弛	一般
1.2.3	护罩	绝缘护罩丢失、开裂、发热变色变形	一般
1.2.4	绝缘	绝缘导线切口裸露部分未进行绝缘处理	严重
1.2.5	测温	导线连接处实测温度＞90℃或相间温差＞40K	危急
		导线连接处80℃＜实测温度≤90℃或30K＜相间温差≤40K	严重
		线夹电气连接处实测温度＞90℃或相间温差＞40K	危急
		导线连接处75℃＜实测温度≤80℃或10K＜相间温差≤30K	一般
		线夹电气连接处80℃＜实测温度≤90℃或30K＜相间温差≤40K	严重
		线夹电气连接处75℃＜实测温度≤80℃或10K＜相间温差≤30K	一般

序号	项目	内　　容	缺陷性质
1.2.6	运行工况	导线水平距离、交跨距离不符《配电网运行规程》要求	严重
		导线弧垂不满足运行要求，实际弧垂达到设计值120%以上或95%以下	严重
		导线弧垂不满足运行要求，实际弧垂：设计值的110%≤测量值≤120%	一般
		线路通道保护区内树木距导线距离，在最大风偏情况下水平距：架空裸导线在2~2.5m之间，绝缘线1~1.5m之间；在最大弧垂情况下垂直距离：架空裸导线在1.5~2m之间，绝缘线在0.8~1m之间	严重
		线路通道保护区内树木距导线距离，在最大风偏情况下水平距：架空裸导线在2.5~3m之间，绝缘线1.5~2m之间；在最大弧垂情况下垂直距离：架空裸导线在2~2.5m之间，绝缘线在1~1.5m之间	一般
		导线有大异物	危急
		导线有小异物	一般
		相序标识不完整、不准确	严重
		接地环设置不满足要求；故障指示器设置不满足要求，损坏	一般
		通道内有违章建筑、堆积物	一般

序号	项目	内　　容	缺陷性质
2	杆塔		
2.1	倾斜	水泥杆本体倾斜度（包括挠度）≥3%，50m以下高度铁塔塔身倾斜度≥2%、50m及以上高度铁塔塔身倾斜度≥1.5%，钢管杆倾斜度≥1%	危急
		水泥杆本体倾斜度（包括挠度）2%~3%，50m以下高度铁塔塔身倾斜度在1.5%~2%之间、50m及以上高度铁塔塔身倾斜度在1%~1.5%之间	严重
		水泥杆本体倾斜度（包括挠度）1.5%~2%，50m以下高度铁塔塔身倾斜度在1%~1.5%之间、50m及以上高度铁塔塔身倾斜度在0.5%~1%之间	一般
2.2	纵向、横向裂纹	水泥杆杆身有纵向裂纹，横向裂纹宽度超过0.5mm或横向裂纹长度超过周长的1/3	危急
		水泥杆杆身横向裂纹宽度在0.4~0.5mm之间或横向裂纹长度为周长的1/6~1/3	严重
		水泥杆杆身横向裂纹宽度在0.25~0.4mm之间或横向裂纹长度为周长的1/10~1/6	一般
2.3	锈蚀	杆塔镀锌层脱落、开裂，塔材严重锈蚀	严重
		杆塔镀锌层脱落、开裂，塔材中度锈蚀	一般
2.4	塔材缺失	水泥杆表面风化、露筋，角钢塔主材缺失，随时可能发生倒杆塔危险	危急
		角钢塔承力部件缺失	严重
		角钢塔一般斜材缺失	一般

序号	项目	内　　容	缺陷性质
2.5	标识	杆塔标志不齐全，如杆号牌、相位牌、警告牌、3m线标记不齐全、不清晰、不规范、位置不合适、固定不牢固	一般
2.6	运行工况	道路边的杆塔和拉线应该设防护设施而未设置	一般
		水泥杆埋深不足标准要求的65%	危急
		水泥杆埋深不足标准要求的80%	严重
		水泥杆埋深不足标准要求的95%	一般
		杆塔基础有沉降，沉降值$\geqslant$25cm，引起钢管杆倾斜度$\geqslant$1%	危急
		杆塔基础有沉降，15cm$\leqslant$沉降值<25cm	严重
		杆塔基础有沉降，5cm$\leqslant$沉降值<15cm	一般
		杆塔有被水淹、水冲的可能，防洪设施损坏、坍塌	危急
		有未经批准同杆搭挂设施	一般
		同杆架设的低压电源非同一电源	严重
		基础保护帽上部塔材被埋入土或废弃物堆，塔材有锈蚀、缺失	严重
3	绝缘子		
3.1	绝缘子外观	绝缘子污秽严重，表面有严重放电痕迹	危急
		绝缘子污秽严重，有明显放电	严重
		绝缘子污秽较为严重，但表面无明显放电	一般
		绝缘子有裂缝，釉面剥落面积>100mm^2	危急
		绝缘子釉面剥落面积$\leqslant$100mm^2，合成绝缘子伞裙有裂纹	严重
		绝缘子钢脚有弯曲，铁件有锈蚀现象	一般

续表

序号	项目	内　容	缺陷性质
3.2	绝缘电阻	绝缘电阻折算到20℃下，＜300MΩ	危急
		绝缘电阻折算到20℃下，＜400MΩ	严重
		绝缘电阻折算到20℃下，＜500MΩ	一般
3.3	运行工况	绝缘子固定不牢固，严重倾斜	危急
		绝缘子固定不牢固，中度倾斜	严重
		绝缘子固定不牢固，轻度倾斜	一般
		在同一绝缘等级内，绝缘子装设不一致	一般
		存在连续放电声音	危急
		存在异常放电声音	严重
		绝缘子表面出现大量露珠	严重
4	金具类		
4.1	铁横担与金具外观	外观严重锈蚀、变形、磨损、起皮或出现严重麻点，锈蚀表面积超过1/2	严重
4.2	金具附件	金具的保险销子脱落、连接金具球头锈蚀严重、弹簧销脱出或生锈失效、挂环断裂；金具串钉移位、脱出、挂环断裂、变形	危急
4.3	运行工况	金具经常活动、转动的部位和绝缘子串悬挂点的金具锈蚀	一般
		横担上下倾斜、左右偏斜大于横担长度的2%	严重
		横担上下倾斜、左右偏斜小于横担长度的2%	一般
		铝包带、预绞丝有滑动、断股或烧伤现象	一般

序号	项目	内　容	缺陷性质
5	拉线		
5.1	钢绞线	拉线有断股、松弛、严重锈蚀现象	严重
		断股＞17%截面	危急
		断股7%~17%截面	严重
		断股＜7%截面	一般
		拉线明显松弛，电杆发生倾斜	危急
5.2	拉线棒	有严重锈蚀、变形、损伤及上拔现象	严重
5.3	拉线绝缘子	拉线绝缘子破损、无绝缘子，对地距离不满足要求	严重
5.4	拉线杆	拉线杆损坏、开裂、起弓、拉直	严重
5.5	拉线抱箍、拉线棒、UT型线夹、楔型线夹等附件	金具铁件变形、锈蚀、松动或丢失	严重
5.6	顶（撑）杆、拉线桩、保护桩（墩）	顶（撑）杆、拉线桩、保护桩（墩）等有损坏、开裂等现象	一般
5.7	运行工况	跨越道路的水平拉线，对路边缘的垂直距离小于6m，跨越电车行车线的水平拉线，对路面的垂直距离小于9m	危急
		拉线设在妨碍交通（行人、车辆）或易被车撞的地方，且无明显警示标识或其他保护措施；穿越带电导线的拉线未设拉线绝缘子	严重

续表

序号	项目	内　　容	缺陷性质
5.7	运行工况	拉线张力分配不匀，拉线的受力角度不适当，一基电杆上装设多条拉线，各条拉线的受力不一致	一般
		拉线的UT型线夹被埋入土或废弃物堆	一般

E2　电力电缆缺陷大纲

序号	项目	内　　容	缺陷性质
1	电缆		
1.1	电缆本体	耐压试验前后，主绝缘电阻值严重下降，无法继续运行	危急
		（1）耐压试验前后，主绝缘电阻值下降，可短期维持运行 （2）埋深量不能满足设计要求且没有任何保护措施 （3）电缆外护套严重破损、变形，电缆弯曲半径达不到规程规定 （4）多条电缆在缆井中无序堆放，交叉处未设置防火隔板 （5）运行中的电缆本体露出地面无防护措施 （6）长期被污水浸泡，水深超过1m （7）长期被杂物堆压	严重

续表

序号	项目	内　容	缺陷性质
1.1	电缆本体	（1）耐压试验前后，主绝缘电阻值下降，仍可以长期运行 （2）电缆外护套明显破损、变形 （3）部分交叉处未设置防火隔板 （4）经常被污水浸泡，水深超过1m （5）经常被杂物堆压 （6）在电缆隧道和沟道中未安装在支架上	一般
1.2	电缆终端	（1）电气连接处实测温度＞90℃或相间温差＞40K （2）严重破损 （3）表面有严重放电痕迹	危急
		（1）电气连接处：80℃＜实测温度≤90℃或30K＜相间温差≤40K （2）有裂纹（撕裂）或破损 （3）有明显放电 （4）无防火阻燃及防小动物措施	严重
		（1）电气连接处：75℃＜实测温度≤80℃或10K＜相间温差≤30K （2）略有破损、鼓包 （3）污秽较为严重，但表面无明显放电 （4）防火阻燃措施不完善	一般
1.3	电缆中间接头	严重破损	危急
		（1）有裂纹（撕裂）或破损 （2）被污水浸泡，水深超过1m （3）无防火阻燃措施 （4）相间温差异常	严重

序号	项目	内　　容	缺陷性质
1.3	电缆中间接头	（1）电缆中间接头略有破损 （2）被污水浸泡，水深不超过 1m；被杂物堆压 （3）防火阻燃措施不完善	一般
2	接地系统	按照附录"E10　防雷和接地系统缺陷大纲"进行排查	
3	电缆通道		
3.1	电缆井	基础有严重破损、下沉，造成井盖压在本体、接头或者配套辅助设施上	危急
		（1）井盖缺失 （2）井内有可燃气体	
		（1）基础有较大破损、下沉，离本体、接头或者配套辅助设施还有一定距离 （2）井盖不平整、有破损，缝隙过大 （3）井内积水浸泡电缆或有杂物影响设备安全	严重
		（1）基础有轻微破损、下沉 （2）井内积水浸泡电缆或有杂物	一般
3.2	电缆沟	基础有严重破损、下沉，造成井盖压在本体、接头或者配套辅助设施上	危急
		基础有较大破损、下沉，离本体、接头或者配套辅助设施还有一定距离	严重
		（1）积清（污）水 （2）基础有轻微破损、下沉 （3）支架锈蚀、脱落或变形	一般

序号	项目	内　　容	缺陷性质
3.3	电缆排管	有较大破损对电缆造成损伤	严重
		（1）电缆排管堵塞不通 （2）有破损 （3）端口未封堵	一般
3.4	电缆隧道	塌陷、严重沉降、错位	严重
		（1）积清（污）水，排水设施损坏 （2）照明设备损坏 （3）通风设施损坏 （4）支架锈蚀、脱落或变形	一般
3.5	隧道竖井	井盖缺失	危急
		（1）井盖多处损坏 （2）爬梯锈蚀严重	严重
		（1）井盖部分损坏 （2）爬梯锈蚀、上下档损坏	一般
3.6	防火设备	无防火措施	严重
		防火阻燃措施不完善	一般
3.7	电缆线路保护区	（1）施工危及线路安全 （2）土壤流失造成排管包方开裂，工井、沟体等墙体开裂甚至凌空的	危急
		（1）施工影响线路安全 （2）土壤流失造成排管包方、工井等大面积暴露 （3）电缆线路通道上方堆放矿渣、笨重物件、酸碱性物质等	严重
		土壤流失造成排管包方、工井等局部点暴露	一般

续表

序号	项目	内　容	缺陷性质
4	辅助设施		
4.1	辅助设施	（1）严重锈蚀 （2）严重松动、不紧固	严重
		（1）中度锈蚀 （2）轻微松动、不紧固	一般
4.2	标识	设备标识、警示标识、相序标识错误	严重
		（1）设备标识、警示标识、相序标识安装位置偏移 （2）无标识或缺少标识	一般

E3　配电变压器缺陷大纲

序号	项目	内　容	缺陷性质
1	本体		
1.1	高、低压套管	（1）严重破损 （2）有严重放电（户外变）；有严重放电痕迹（户内变） （3）1.6 MVA以上的配电变压器相间直流电阻大于三相平均值的2%或线间直流电阻大于三相平均值的1%；1.6 MVA及以下的配电变压器相间直流电阻大于三相平均值的4%或线间直流电阻大于三相平均值的2%	危急
		（1）外壳有裂纹（撕裂）、破损、鼓包 （2）污秽严重，有明显放电（户外变）；有明显放电痕迹（户内变） （3）绕组及套管绝缘电阻与初始值相比降低30%及以上	严重

序号	项目	内　容	缺陷性质
1.2	导线接头及外部连接	（1）线夹与设备连接平面出现缝隙，螺丝明显脱出，引线随时可能脱出 （2）线夹破损断裂严重，有脱落的可能，对引线无法形成紧固作用 （3）截面损失达25%以上 （4）电气连接处实测温度＞90℃或相间温差＞40K	危急
		（1）接头接点松动 （2）截面损失达7%以上，但小于25% （3）电气连接处：80℃＜实测温度≤90℃或30K＜相间温差≤40K	严重
1.3	高、低压绕组	（1）声响异常 （2）Yyn0接线三相不平衡率＞30%；Dyn11接线三相不平衡率＞40% （3）干式变压器器身温度超出厂家允许值的20%	严重
1.4	分接开关	机构卡涩，无法操作	严重
1.5	油箱本体	漏油（滴油）	危急
		（1）严重渗油 （2）严重锈蚀 （3）配电变压器上层油温超过95℃或温升超过55K	严重
1.6	油位计	油位不可见	危急
		油位计破损	严重
1.7	呼吸器	（1）硅胶筒玻璃破损 （2）硅胶潮解全部变色	严重

续表

序号	项目	内　　容	缺陷性质
1.8	波纹连接管	波纹连接管破损	危急
		波纹连接管变形	严重
1.9	绕组（干式）	表面存在变形、灼伤、龟裂、变色或垫块松动现象	严重
2	附属设施		
2.1	压力释放阀	防爆膜破损	危急
2.2	冷却系统	温控装置无法启动	严重
2.3	风机	风机无法启动	严重
2.4	温度计	温度计指示不准确或看不清楚，温度计破损	严重
2.5	气体继电器	气体继电器中有气体	严重
2.6	二次回路	二次回路绝缘电阻＜1MΩ	严重
3	接地装置	按照附录"E10　防雷和接地系统缺陷大纲"进行排查	
4	其他项目		
4.1	例行试验	绝缘油耐压试验不合格＜25kV	严重
		例行试验周期超过规定要求	严重
		例行试验项目试验数据超过注意值	严重
		备用变压器未带电超过半年后投运前未进行例行试验	一般
4.2	标识	设备标识、警示标识错误	严重
		（1）设备标识、警示标识安装位置偏移（2）无标识或缺少标识	一般

序号	项目	内　　容	缺陷性质
4.3	台架	高度不符合规定；有锈蚀、倾斜、下沉等现象；各部螺栓有不完整、松动等现象；台架周围有杂草、杂物；有生长较高的农作物、树、竹、蔓藤类植物接近带电体	一般
4.4	带电检测	带电检测项目试验数据超过注意值	严重
4.5	在线监测	监测状态量无法正常上传或监测数据报警	一般
4.6	运行工况	长时间超过额定容量运行	严重
		户内排风降温效果不良	一般
		变压器高、低压套管接线柱未装设绝缘罩	一般

E4　箱式变电站及辅助设施缺陷大纲

序号	项目	内　　容	缺陷性质
1	箱体		
1.1	箱内	有异常声音或气味，箱内顶部漏水严重，防小动物措施不完善	严重
		箱内积灰较厚	一般
1.2	箱门	损坏，开合不灵活、无锁	严重
		箱门有明显损伤、变形	一般
1.3	外观	有锈蚀、损坏情况，外壳油漆剥落	一般
1.4	环境	杂物堆积、搭挂	一般

序号	项目	内　　容	缺陷性质
2	高压开关及开关柜	按照附录"E5　环网柜（开关柜）缺陷大纲"进行排查	
3	配电变压器	按照附录"E3　配电变压器缺陷大纲"进行排查	
4	高低压母线		
4.1	本体	存在明显放电痕迹、损坏	危急
		无绝缘防护	严重
4.2	绝缘	绝缘材料脱落、开裂、变色、有放电痕迹	严重
4.3	连接螺栓	连接螺栓松动、脱落、有重大锈蚀	严重
5	无功补偿装置		
5.1	外观	有破损，污秽现象，放电烧伤痕迹明显	严重
5.2	功能	三相自动平衡、自动补偿、分相补偿功能不全	一般
6	低压开关		
6.1	外观	有破损，污秽现象，放电烧伤痕迹明显，绝缘部件损坏或缺失	严重
6.2	功能	脱扣器失效，不能够瞬时切断故障电流	严重
7	接地系统	按照"附录E10　防雷和接地系统缺陷大纲"进行排查	
8	标识		
8.1	设备标识	设备名称、铭牌、一次接线图等不清晰、不正确	严重
8.2	进出线标识	箱体内电缆进出线牌号与对侧端标牌不对应，电缆命名牌不齐全，肘头相色不齐全、不正确	严重

序号	项目	内　容	缺陷性质
8.3	安全标识	警示标识不全、模糊、错误，设备本体无围栏或围栏高度不符合安全运行要求	一般
9	运行工况		
9.1	电缆搭接头	接触不良，有发热、氧化、变色现象，相间和对壳体、地面距离不符合要求	危急
9.2	测温	设备有发热现象，导电连接点温度、相对温差异常	严重
9.3	仪表装置	电压表、电流表、带电显示器等指示仪表显示异常，五防功能装置故障	严重
9.4	基础	破损较为严重或下沉明显可能影响设备安全运行	严重
9.5	防水	基础内积水浸泡电缆	严重
9.6	防动物	电缆洞封未密封，箱内底部填沙与基座不平	严重
9.7	防火	无防火措施，基础内有杂物危及设备安全	严重

E5　环网单元（环网柜、开关柜）缺陷大纲

序号	项目	内　容	缺陷性质
1	箱体		
1.1	箱内	有异常声音或气味，箱内顶部漏水严重，防小动物措施不完善	严重
		箱内积灰较厚	一般

续表

序号	项目	内　　容	缺陷性质
1.2	箱门	损坏，开合不灵活、无锁	严重
		箱门有明显损伤、变形	一般
1.3	外观	有锈蚀、损坏情况，外壳油漆剥落	一般
1.4	环境	杂物堆积、搭挂	一般
2	本体		
2.1	开关	（1）表面有严重放电痕迹 （2）严重破损 （3）位置指示相反，或无指示 （4）存在严重放电声音 （5）电气连接处实测温度＞90℃或相间温差＞40K （6）气压表在闭锁区域范围 （7）绝缘电阻折算到20℃下，＜300MΩ	危急
		（1）位置指示有偏差 （2）存在异常放电声音 （3）有明显放电 （4）电气连接处：80℃＜实测温度≤90℃或30K＜相间温差≤40K （5）气压表在告警区域范围 （6）绝缘电阻折算到20℃下，＜400MΩ （7）主回路直流电阻试验数据与初始值相差≥100% （8）压力释放通道失效 （9）带电检测局放测试数据异常	严重

序号	项目	内　　容	缺陷性质
2.1	开关	（1）污秽较为严重，但表面无明显放电 （2）电气连接处：75℃＜实测温度≤80℃或10K＜相间温差≤30K （3）绝缘电阻折算到20℃下，＜500MΩ （4）主回路直流电阻试验数据与初始值相差≥50%	一般
		电气、机械寿命超过厂家规定值	一般
2.2	泄压通道	开关室、母线室、电缆室无独立泄压通道	严重
		泄压通道盖板的活门侧不是尼龙（或塑料）螺栓	严重
		通道活门未设置在柜顶或柜下	严重
3	附件		
3.1	互感器	（1）表面有严重放电痕迹 （2）严重破损 （3）绝缘电阻折算到20℃下，一次＜1000MΩ，二次＜1MΩ	危急
		（1）有明显放电 （2）外壳有裂纹（撕裂）或破损	严重
		（1）污秽较为严重，但表面无明显放电 （2）略有破损	一般
3.2	避雷器	（1）表面有严重放电痕迹 （2）严重破损 （3）绝缘电阻折算到20℃下，一次＜1000MΩ	危急
		（1）外壳有裂纹（撕裂）或破损 （2）接线方式不符合运行要求且未做警示标识	严重

序号	项目	内　　容	缺陷性质
3.2	避雷器	（1）污秽较为严重，但表面无明显放电 （2）略有破损	一般
3.3	加热和除湿设备	已安装的加热和除湿设备不能正常运行，造成湿度过高	严重
		部分开关柜运行环境较为恶劣，柜内没有配备有效的加热和除湿设备	一般
		温湿度控制器显示异常，无法运行	严重
3.3	故障指示器	显示异常，无法运行	严重
3.4	熔断器	严重破损	危急
		有裂纹（撕裂）或破损	严重
		略有破损	一般
3.5	绝缘子	（1）表面有严重放电痕迹 （2）严重破损	危急
		（1）有明显放电 （2）外壳有裂纹（撕裂）或破损	危急
		（1）污秽较为严重，但表面无明显放电 （2）略有破损	一般
3.6	母线	绝缘电阻折算到20℃下，一次＜1000MΩ	危急
4	操动系统及控制回路		
4.1	操作机构	操作机构发生拒动、误动	严重
		操作机构卡涩	一般
4.2	分合闸线圈	无法正常工作	危急
4.3	二次回路	脱线、断线	危急
		机构控制或辅助回路绝缘电阻＜1MΩ	严重

序号	项目	内　　容	缺陷性质
4.4	端子	破损、缺失	严重
4.5	联跳功能	熔丝联跳装置不能使负荷开关跳闸	危急
		回路中三相不一致	严重
4.6	五防装置	装置故障	严重
		装置功能不完善	一般
5	辅助部件		
5.1	带电显示器	显示异常	严重
5.2	仪表	2处以上表计指示失灵	严重
6	接地装置	按照附录"E10　防雷和接地系统缺陷大纲"进行排查	
7	标识		
7.1	设备标识	设备名称、铭牌等错误或不清晰、不正确	严重
7.2	进出线标识	箱体内电缆进出线牌号与对侧端标牌不对应，电缆命名牌不齐全，肘头相色不齐全、不正确	严重
7.3	安全标识	警示标识不全、模糊、错误，无安全围栏或围栏高度不符合安全运行要求	一般
8	其他		
8.1	例行试验	例行试验项目试验数据超过注意值	严重
8.2	带电检测	带电检测项目试验数据超过注意值	严重
8.3	接线图纸	环网柜、开闭所中没有一次接线图或一次接线图不正确	一般

E6　电缆分支箱缺陷大纲

序号	项目	内　容	缺陷性质
1	箱体	壳体有锈蚀损坏情况，外壳油漆剥落，内装式铰链门开合不灵活	一般
2	绝缘电阻	绝缘电阻折算到20℃下，＜500MΩ	一般
		绝缘电阻折算到20℃下，＜400MΩ	严重
		绝缘电阻折算到20℃下，＜300MΩ	危急
3	温度	电气连接处：75℃＜实测温度≤80℃或10K＜相间温差≤30K	一般
		电气连接处：80℃＜实测温度≤90℃或30K＜相间温差≤40K	严重
		电气连接处实测温度＞90℃或相间温差＞40K	危急
4	接地装置	按照附录"E10　防雷和接地系统缺陷大纲"进行排查	
5	运行工况	箱内顶部漏水，防小动物措施不完善	严重
		电缆搭头接触不良，有发热、氧化、变色现象，电缆搭头相间和对壳体、地面距离不符合要求	严重
		箱内有异常声音或气味	严重
		设备名称、铭牌、警告标识、一次接线图等不清晰、不正确	严重
		箱体内电缆进出线牌号与对侧端标牌不对应，电缆命名牌不齐全，肘头相色不齐全、不正确	严重
		绝缘塑封材料脱落、开裂、变色，有放电痕迹	严重
		警示标识不全、模糊、错误，无安全围栏或围栏高度不符合安全运行要求	一般
		电缆洞封未密封，箱内底部填沙与基座不平	一般

E7　柱上开关缺陷大纲

序号	项目	内　　容	缺陷性质
1	本体		
1.1	套管	（1）严重破损 （2）表面有严重放电痕迹	危急
		（1）有裂纹（撕裂）或破损 （2）有明显放电	严重
		（1）略有破损 （2）污秽较为严重，但表面无明显放电	一般
1.2	开关本体	（1）电气连接处实测温度＞90℃或相间温差＞40K （2）绝缘电阻折算到20℃下，＜300MΩ （3）表面有严重放电痕迹 （4）气压表在闭锁区域范围	危急
		（1）严重锈蚀 （2）有明显放电 （3）电气连接处：80℃＜实测温度≤90℃或30K＜相间温差≤40K （4）气压表在告警区域范围 （5）绝缘电阻折算到20℃下，＜400MΩ （6）主回路直流电阻试验数据与初始值相差≥100%	严重
		（1）中度锈蚀 （2）污秽较为严重 （3）电气连接处75℃＜实测温度≤80℃或10K＜相间温差≤30K （4）绝缘电阻折算到20℃下，＜500MΩ （5）主回路直流电阻试验数据与初始值相差≥20%	一般

序号	项目	内　容	缺陷性质
1.3	互感器	（1）外壳和套管有严重破损 （2）20℃时一次绝缘电阻＜1000MΩ，二次绝缘电阻＜1MΩ（采用1000V摇表，下同）	危急
		外壳和套管有裂纹（撕裂）或破损	严重
		外壳和套管略有破损	一般
1.4	刀闸	按照附录"E8　刀闸缺陷大纲"进行排查	
1.5	操作机构	连续2次及以上操作不成功	危急
		（1）严重锈蚀 （2）无法储能 （3）1次操作不成功 （4）严重卡涩	严重
		（1）中度锈蚀 （2）轻微卡涩	一般
2	接地装置	按照附录"E10　防雷和接地系统缺陷大纲"进行排查	
3	标识		
	分合闸指示器	分合闸指示位置不准确，与实际运行方式不相符	严重
	设备标识	设备标识、警示标识错误	一般
		（1）设备标识、警示标识安装位置偏移；（2）无标识或缺少标识	严重
4	其他		
4.1	电气、机械寿命	电气、机械寿命超过厂家规定值	一般

序号	项目	内　　容	缺陷性质
4.2	短路开断能力（开关）	短路开断电流不满足安装地点短路电流的要求	严重
4.3	例行试验	例行试验周期超过规定要求	一般
		例行试验项目试验数据超过注意值	严重
		未带电超过半年的备用开关投运前未进行例行试验	一般
4.4	带电检测	带电检测项目试验数据超过注意值	严重
4.5	在线检测	监测状态量无法正常上传或监测数据报警	一般
4.6	支架	高度不符合规定；有锈蚀、倾斜、下沉等现象；各部螺栓有不完整、松动等现象；支架周围有杂草、杂物；有生长较高的农作物、树、竹、蔓藤类植物接近带电体	一般

E8　刀闸缺陷大纲

序号	项目	内　　容	缺陷性质
1	本体		
1.1	支持绝缘子	（1）外表严重破损 （2）表面有严重放电痕迹	危急
		（1）外表有裂纹（撕裂）或破损 （2）有明显放电	严重
		（1）外表略有破损 （2）污秽较为严重，但表面无明显放电	一般

续表

序号	项目	内 容	缺陷性质
1.2	开关本体	电气连接处实测温度＞90℃或相间温差＞40K	危急
		（1）电气连接处：80℃＜实测温度≤90℃或30K＜相间温差≤40K （2）严重锈蚀 （3）严重卡涩	严重
		（1）电气连接处：75℃＜实测温度≤80℃或10K＜相间温差≤30K （2）中度锈蚀 （3）轻微卡涩	一般
1.3	操作机构	（1）严重锈蚀 （2）严重卡涩	严重
		（1）轻微卡涩 （2）中度锈蚀	一般
2	接地装置	按照附录"E10 防雷和接地系统缺陷大纲"进行排查	
3	其他		
3.1	设备标识	设备标识、警示标识错	严重
		（1）设备标识、警示标识安装位置偏移 （2）无标识或缺少标识	一般
3.2	运行工况	触头间接触不良，有过热、烧损、熔化现象	严重
		各部件的组装不良，有松动、脱落现象	一般
		引下线接触不良，与各部件间距不合适	一般
		安装不牢固，相间距离、倾角不符合规则	一般

E9 跌落式熔断器缺陷大纲

序号	项目	内　容	缺陷性质
1	本体	（1）严重破损 （2）表面有严重放电痕迹 （3）操作有剧烈弹动已不能正常操作 （4）熔断器故障跌落次数超厂家规定值 （5）电气连接处实测温度＞90℃或相间温差＞40K	危急
		（1）有裂纹（撕裂）或破损 （2）有明显放电 （3）操作有剧烈弹动但能正常操作 （4）严重锈蚀 （5）电气连接处：80℃＜实测温度≤90℃或30K＜相间温差≤40K	严重
		（1）略有破损 （2）污秽较为严重，但表面无明显放电 （3）操作有弹动但能正常操作 （4）中度锈蚀 （5）固定松动，支架位移、有异物 （6）绝缘罩损坏 （7）电气连接处75℃＜实测温度≤80℃或10K＜相间温差≤30K	一般
2	运行工况	触头间接触不良，有过热、烧损、熔化现象	严重
		各部件的组装不良，有松动、脱落现象	一般
		引下线接触不良，与各部件间距不合适	一般
		安装不牢固，相间距离、倾角不符合规则	一般

E10 防雷和接地系统缺陷大纲

序号	项目	内 容	缺陷性质
1	接地原则	配电设备、设备的金属外壳、装有避雷线的线路杆塔、在非沥青地面居民区的架空线路金属和钢筋混凝土杆塔无接地	危急
		土壤电阻率大于100Ω·m，架空线路金属和钢筋混凝土杆塔无人工接地装置	严重
2	避雷器（防雷绝缘子）等防雷设备		
2.1	外观	外壳严重破损	危急
		表面有严重放电痕迹	危急
		外壳有裂纹（撕裂）或破损	严重
		表面有明显放电痕迹	严重
3	接地引下线		
3.1	截面	截面不满足要求（引下线截面不得小于25mm² 铜芯线或镀锌钢绞线，接地棒不得小于12mm的圆钢或40mm×4mm的扁钢）	严重
3.2	连接情况	出现断开、断裂	危急
		连接松动、接地不良	严重
		无明显接地	严重
3.3	锈蚀情况	严重锈蚀（大于截面直径或厚度30%）	危急
		中度锈蚀（大于截面直径或厚度20%，小于30%）	严重
		轻度锈蚀（小于截面直径或厚度20%）	一般

序号	项目	内　　容	缺陷性质
4	接地体		
4.1	锈蚀情况	严重锈蚀（大于截面直径或厚度30%），出现断开、断裂	危急
		中度锈蚀（大于截面直径或厚度20%，小于30%）	严重
		轻度锈蚀（大于截面直径或厚度10%，小于20%）	一般
5	测试		
5.1	绝缘电阻	避雷器20℃时绝缘电阻＜1000MΩ	危急
5.2	测试周期	接地电阻的测量周期：柱上变压器、配电室、柱上开关设备、柱上电容器设备的接地电阻测量未按每两年一次进行，其他设备的接地电阻测量未按每四年一次进行	严重
5.3	设备接地电阻值	总容量100kVA及以上的变压器，其接地装置的接地电阻大于4Ω，每个重复接地装置的接地电阻大于10Ω；总容量为100kVA以下的变压器，其接地装置的接地电阻大于10Ω；柱上开关、刀闸和熔断器防雷装置的接地电阻大于10Ω；配电室接地装置的接地电阻大于4Ω	严重
5.4	电杆接地电阻值	有避雷线的配电线路，其杆塔接地电阻在土壤电阻率（Ω·m）为100及以下时大于10Ω；100以上至500时大于15Ω；500以上至1000时大于20Ω；1000以上至2000时大于25Ω；2000时大于30Ω	严重
5.5	测温	电气连接处相间温差异常	严重

续表

序号	项目	内　　容	缺陷性质
6	运行工况	接地线和接地装置的连接不可靠，接地线绝缘护套有破损，接地体外露、严重锈蚀，在埋设范围内有土方工程	危急
		避雷器上、下引线连接不良，引线与构架、导线的距离不符合规定	严重
		防雷金具等保护间隙烧损、锈蚀或被外物短接，间隙距离不符合规定	严重
		埋深不足（埋深耕地＜0.8m，非耕地＜0.6m）	严重
		避雷器支架歪斜，铁件有锈蚀，固定不牢固	一般
		防雷装置未在雷季之前投入运行	一般

E11　低压配电箱（柜、屏）缺陷大纲

序号	项目	内　　容	缺陷性质
1	箱（柜、屏）体	柜体没有全封闭，不能防止误碰带电设备、人身触电	危急
		柜体有锈蚀损坏情况，外壳油漆剥落，内装式铰链门开合不灵活	一般
2	箱（柜、屏）内	防小动物措施不完善	严重
		电缆搭头接触不良，有发热、氧化、变色现象，电缆搭头相间和对壳体、地面距离不符合要求	严重

序号	项目	内　　容	缺陷性质
2	箱（柜、屏）内	柜内有异常声音或气味严重	严重
		柜体内电缆标牌不齐全、不准确	严重
		各类表计指示不正常	一般
3	电缆孔洞	电缆洞封未密封	一般
4	开关、刀闸	设备运行存在缺陷，接点有放电烧伤痕迹，脱扣器失效，不能够瞬时切断故障电流	严重
5	接地系统	按照附录"E10　防雷和接地系统缺陷大纲"进行排查	
6	标识	设备标识和警示标识不全、模糊、错误	严重
7	母线		
7.1	连接螺栓	连接螺栓松动、脱落、严重锈蚀	危急
7.2	母线本体	存在明显放电痕迹、损坏	严重
7.3	红外测温	有发热现象	严重
7.4	绝缘材料	绝缘材料放电、脱落、开裂、变色	严重
7.5	相别标识	缺失、不齐全	一般
8	无功补偿装置		
8.1	外观	外观有破损、污秽现象，放电烧伤痕迹明显	严重
8.2	温度	导电连接点温度、相对温差异常	严重
8.3	功能	三相自动平衡、自动补偿、分相补偿功能不全	一般

E12 配电自动化设备缺陷大纲

序号	项目	内 容	缺陷性质
1	自动化装置本体		
1.1	回路	电压(电流)回路故障引起相间短路(开路)	严重
1.2	电源	交、直流电源异常	严重
1.3	指示灯信号	指示灯信号异常	严重
1.4	通信	通信异常,无法上传数据	严重
1.5	装置	装置故障引起"三遥"信息异常	严重
1.6	接线端子	端子松动、接触不良	严重
1.7	箱体	设备表面有污秽,外壳破损	一般
2	辅助设施		
2.1	设备接地	设备无可靠接地	严重
2.2	空开标签	标签缺失或错误	一般
2.3	电缆标牌	标牌缺失或错误	一般
3	配电监控		
3.1	配电主站	配电主站除核心主机外的其他设备单网运行	一般
		配电主站重要功能失效或异常	严重
		配电主站核心设备(数据服务器、SCADA服务器、前置服务器、GPS天文时钟)单机停用、单网运行、单电源运行	严重
		配电主站故障停用或主要监控功能失效	危急

序号	项目	内　　容	缺陷性质
3.2	遥测遥信	一般遥测量、遥信量故障	一般
		对调度员监控、判断有影响的重要遥测量、遥信量故障	严重
		配网自动化系统后台遥测数据显示与实际不符	严重
		某一间隔出现遥测量、遥信量30分钟不刷新	危急
3.3	位置信息	配网自动化系统后台刀闸位置显示与实际不符	一般
		开关或负荷开关位置与实际不符	危急
3.4	对时功能	配网自动化系统后台对时功能异常	一般
3.5	报警功能	配网自动化系统后台声、光、色报警功能出现异常	严重
3.6	告警误漏报	保护装置告警、保护动作、接地、通道告警等调控中心信号误漏报	危急
3.7	图表曲线	配网自动化系统后台曲线、棒图、历史数据及报表等功能异常	严重
3.8	监控工作站	调度台全部监控工作站故障停用	危急
3.9	UPS电源	配电主站专用UPS电源故障	危急
3.10	通信系统	配电通信系统主站侧设备故障，引起大面积终端通讯中断	危急
		配电通信系统变电站侧通信节点故障，引起系统区片中断	危急

序号	项目	内　容	缺陷性质
3.11	信息频发	配网系统中某一条信号1小时内不间断上传15次以上	危急
3.12	信息误发	配网系统后台信号动作，经运维人员检查无此信号，并且无法复归	危急
3.13	遥控	系统的遥控操作发生拒动或无法遥控	危急

E13　二次保护装置缺陷大纲

序号	项目	内　容	缺陷性质
1	保护装置	黑屏	危急
		交直流电源异常	危急
		频繁重启	危急
		回路开路、短路、断线	危急
		备自投装置故障	严重
		操作面板损坏	严重
		指示灯信号异常	严重
		通讯中断	严重
		端子松动、接触不良	严重
2	直流装置	直流接地，对地绝缘电阻＜10MΩ	危急
		交流电源故障、失电	严重
		蓄电池容量不足、鼓肚、渗液、电压异常、浮充电流异常	严重

序号	项目	内　　容	缺陷性质
2	直流装置	充电模块故障、装置黑屏、直流电源箱、直流屏指示灯信号异常	严重
		10MΩ ≤对地绝缘电阻< 100MΩ	严重
3	辅助设施	设备无可靠接地	严重
		标识不清晰、备自投功能不完善	一般

E14　开闭站、配电室等配电生产建筑物缺陷大纲

序号	项目	内　　容	缺陷性质
1	建筑房屋		
1.1	建筑结构	房屋主体结构基础、墙体有不均匀沉陷、开裂；设备上方顶棚出现裂纹、剥落现象	严重
1.2	防小动物	未按照要求配置挡板	严重
1.3	屋面防水	有渗漏水现象	严重
1.4	基础	墙体、沟体、基础、垫层有裂缝；基础、墙体、沟体有不均匀沉陷	严重
1.5	塑钢门、窗	门窗关闭不严，密封不良	一般
1.6	室内电缆沟	沟底通水不畅，有积水；盖板安装不牢，有断裂、损伤	一般
1.7	操作地坪	地坪沉降、洼陷，造成电缆敷管变形移位	一般
2	站内场地排水	排水不畅造成积水	一般
3	设备安装用预埋铁件	焊缝表面有裂纹缺陷；安装位置不正确、松动；表面锈蚀严重	严重

序号	项目	内　容	缺陷性质
4	照明与动力	灯具安装不牢固；安装位置和电气距离不符合要求；应急照明开启不正常；未对防止交流系统造成损坏的照明二次回路负荷进行核算	严重
5	室外电缆沟	沟内有杂物垃圾，沟底通水不畅通，倒泛水或有积水，电缆盖板损坏，电缆沟不均匀沉陷	一般

E15　防汛缺陷大纲

序号	项目	内　容	缺陷性质
1	配电设施生产场地	防雨、防洪设施未设计或不符合设计要求	严重
2	防汛设施	排水和防倒灌措施未设计或不符合设计要求	严重
		生产场所排水设施不完善，排水泵不能正常启动	严重
		房屋（顶盖）防水措施不良，有渗漏水现象	一般
		电缆沟和电缆隧道防止进水、渗水及排水设施不齐全，有渗漏水现象	一般
3	防汛专用物资	物资（抢修设备和备品备件等）储备不足，有损坏	严重
		未指定专人管理、登记造册、分类储存，未定期检查	严重

序号	项目	内　　容	缺陷性质
3	防汛专用物资	防汛交通、通信工具不足、损坏	严重
		没有必要的生活物资和医药储备	一般
4	防汛演习	未定期进行有针对性的防汛演习，并根据汛情变化及时调整	严重
5	防汛预案	未根据实际情况制定防汛预案	严重

附录 F 设备异动申请单

F1 设备异动申请单（地调）

单号			
填报单位		填报时间	
填报人		联系方式	
计划开工时间		计划完工时间	
异动设备名称			
设备异动原因		设备异动依据	
异动详细内容		附件	
供电分局	配电运行班	时间	
	配网工程组	时间	
	营销服务室	时间	
	生产技术室	时间	
	分管生产局长	时间	
调度和生产部门	运行方式班	时间	
	自动化班	时间	
	保护班	时间	
	配网调控班	时间	
	调度处负责人	时间	
	生技处负责人	时间	
	配网调控员执行人	时间	
备注			

F2 设备异动申请单（县调）

<table>
<tr><td colspan="2">单号</td><td colspan="3"></td></tr>
<tr><td colspan="2">填报单位</td><td></td><td>填报时间</td><td></td></tr>
<tr><td colspan="2">填报人</td><td></td><td>联系方式</td><td></td></tr>
<tr><td colspan="2">计划开工时间</td><td></td><td>计划完工时间</td><td></td></tr>
<tr><td colspan="2">异动设备名称</td><td colspan="3"></td></tr>
<tr><td colspan="2">设备异动原因</td><td></td><td>设备异动依据</td><td></td></tr>
<tr><td colspan="2">异动详细内容</td><td></td><td>附件</td><td></td></tr>
<tr><td rowspan="8">供电分局和生产部门</td><td>配电运行班</td><td></td><td>时间</td><td></td></tr>
<tr><td>配网工程组</td><td></td><td>时间</td><td></td></tr>
<tr><td>营销服务室</td><td></td><td>时间</td><td></td></tr>
<tr><td>生产技术室</td><td></td><td>时间</td><td></td></tr>
<tr><td>调控班</td><td></td><td>时间</td><td></td></tr>
<tr><td>分管生产局长</td><td></td><td>时间</td><td></td></tr>
<tr><td>生技处调度专工</td><td></td><td>时间</td><td></td></tr>
<tr><td>调控员执行人</td><td></td><td>时间</td><td></td></tr>
<tr><td colspan="2">备注</td><td colspan="3"></td></tr>
</table>

图书在版编目（CIP）数据

内蒙古配电网调度控制管理规程 / 内蒙古电力（集团）有限责任公司编. — 北京：中国市场出版社有限公司，2022.12

ISBN 978-7-5092-2335-2

Ⅰ. ①内… Ⅱ. ①内… Ⅲ. ①配电系统 - 电力系统调度 - 管理规程 - 内蒙古 Ⅳ. ①TM73-65

中国版本图书馆CIP数据核字（2022）第229121号

内蒙古配电网调度控制管理规程

NEIMENGGU PEIDIANWANG DIAODU KONGZHI GUANLI GUICHENG

内蒙古电力（集团）有限责任公司　编

责任编辑：许　寒
封面设计：任燕飞
出版发行：中国市场出版社 China Market Press
地　　址：北京市西城区月坛北小街2号院3号楼（100837）
电　　话：（010）68022950
印　　刷：河北鑫兆源印刷有限公司
规　　格：140mm×203mm　32开本
印　　张：3.75　　　　　　　字　　数：75千字
版　　次：2022年12月第1版　印　　次：2022年12月第1次印刷
书　　号：ISBN 978-7-5092-2335-2
定　　价：32.00元